海洋科技出版工程

海洋结构物波浪水动力学基本理论与频域数值方法

石玉云　李志富　著

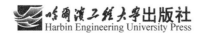
哈尔滨工程大学出版社
Harbin Engineering University Press

内容简介

本书基于势流理论,利用边界元法,分别介绍了常值元、高阶元源－偶混合分布模型。本书针对这两种模型建立的关键技术难点,介绍了自由面频域 Green 函数及其高阶导数的数值算法。基于这两种模型,本书进行了经典算例的水动力计算研究,使读者能够由浅入深地逐渐掌握船舶与海洋结构物频域水动力问题研究的基本思路和方法。

本书适合船舶与海洋工程水动力学研究领域人员阅读,也可作为土木水利工程人员自学与工作的参考用书。

图书在版编目(CIP)数据

海洋结构物波浪水动力学基本理论与频域数值方法/石玉云,李志富著. —哈尔滨:哈尔滨工程大学出版社,2022.10
ISBN 978 – 7 – 5661 – 3673 – 2

Ⅰ. ①海… Ⅱ. ①石… ②李… Ⅲ. ①海洋沉积物 – 波浪 – 水动力学 Ⅳ. ①P736.21

中国版本图书馆 CIP 数据核字(2022)第 156780 号

海洋结构物波浪水动力学基本理论与频域数值方法
HAIYANG JIEGOUWU BOLANG SHUIDONGLIXUE JIBEN LILUN YU PINYU SHUZHI FANGFA

选题策划 夏飞洋
责任编辑 丁 伟
封面设计 李海波

出版发行	哈尔滨工程大学出版社
社　　址	哈尔滨市南岗区南通大街 145 号
邮政编码	150001
发行电话	0451 – 82519328
传　　真	0451 – 82519699
经　　销	新华书店
印　　刷	黑龙江天宇印务有限公司
开　　本	787 mm × 1 092 mm　1/16
印　　张	6.75
字　　数	127 千字
版　　次	2022 年 10 月第 1 版
印　　次	2022 年 10 月第 1 次印刷
定　　价	49.80 元

http://www.hrbeupress.com
E-mail:heupress@ hrbeu.edu.cn

前　言

船舶与海洋结构物的运动及载荷问题对于研究极为重要,目前业内广为应用的求解该问题的边界元积分方程为源分布边界积分方程。本书基于三维势流理论,采用自由面 Green 函数法,对基于源－偶混合分布模型的常值面元、高阶面元边界积分方程进行了研究,并将其应用于解决船舶与海洋结构物水动力研究问题。

首先,考虑到源－偶混合分布模型的特殊性,本书采用 Chebyshev 多项式逼近法,对自由面 Green 函数及其高阶导数进行了数值逼近,实现对所需的三维频域自由面 Green 函数及高阶导数的准确计算。通过一系列的数值验证,确定所得 Green 函数及其高阶导数的计算精度,以确保源－偶混合分布法的应用不受限于 Green 函数及其高阶导数。

其次,应用该自由面 Green 函数,建立基于传统常值面元法的源－偶混合分布边界积分方程,离散该边界积分方程,求解速度势及其导数。通过无界流球体的算例解析解对比,验证本书 Green 函数简单源部分积分的准确性与收敛性。采用 Hulme 半球进行 Green 函数的波动项积分与整个常值边界方程的辐射问题的验证。采用直立圆柱解析解对自由面 Green 函数及其高阶导数积分进行验证。

再次,本书介绍了等参高阶面元法基本理论,应用自由面 Green 函数算法,对基于等参高阶面元法的源－偶混合分布边界积分方程进行离散求解。采用与常值面元法类似的简单几何形状物体,对三维频域高阶面元法水动力计算方法进行辐射、绕射问题验证。通过对简单几何形状数值计算,验证数值方法的准确性与收敛性。

最后,应用两种源－偶混合分布方法,对两类 Wigley 船型 0°浪向运动进行计算分析,并与实验值进行了比较。对球体进行了漂移力的数值验证。对一艘 FPSO 进行了 0°~180°计算,研究了该船的水动力系数、运动及慢漂力、压力等特性,从而为船舶总体设计、建造提供参考。

本书由石玉云、李志富合著。书中参考了多位专家学者的文献著述,在此一并表示感谢!

由于著者的水平有限,书中难免存在疏漏和不妥之处,请广大读者批评指正,多提宝贵意见。

著 者

2022 年 6 月

目　　录

第1章　绪论 ··· 1
  1.1　研究背景 ·· 1
  1.2　国内外研究现状 ·· 1
  1.3　本书的主要工作 ·· 9
第2章　三维波物相互作用的数学描述 ··· 11
  2.1　坐标系的定义 ··· 11
  2.2　全非线性条件及线性化处理 ··· 12
  2.3　Green 函数法的提法 ·· 15
  2.4　源－偶混合分布边界积分方程 ··· 16
  2.5　本章小结 ·· 16
第3章　基于级数逼近的 Green 函数及导数数值计算 ································ 17
  3.1　Green 函数的基本推导 ··· 17
  3.2　Green 函数分区 ·· 19
  3.3　Green 函数偏导数通式 ··· 20
  3.4　Chebyshev 级数逼近 ·· 22
  3.5　特殊函数的递推 ·· 22
  3.6　数值计算 ·· 23
  3.7　本章小结 ·· 28
第4章　基于源－偶混合分布模型的常值面元法研究 ································ 30
  4.1　单位速度势的提法 ··· 30
  4.2　源－偶混合分布与源分布边界积分方程 ······································· 31
  4.3　常值方程组的离散求解 ··· 32
  4.4　数值算例 ·· 36
  4.5　本章小结 ·· 45

第5章 基于源-偶混合分布模型的高阶面元法研究 ················ 46
5.1 高阶元边界积分方程的提法 ················ 46
5.2 高阶元方程组的数值求解 ················ 49
5.3 数值算例 ················ 52
5.4 本章小结 ················ 61

第6章 船舶与海洋结构物中的运动及载荷应用 ················ 62
6.1 规则波下的浮体运动方程 ················ 62
6.2 定常漂移力 ················ 65
6.3 数值算例 ················ 68
6.4 本章小结 ················ 81

结论 ················ 82

附录A 本书计算的部分区间Chebyshev系数 ················ 84
附录A1 Green函数实部Chebyshev展开系数 ················ 84
附录A2 Green函数实部 X 偏导数Chebyshev展开系数 ················ 86
附录A3 Green函数实部二阶 X 偏导数Chebyshev展开系数 ················ 88

附录B 本书计算点Green及高阶导数 ················ 90
附录B1 计算点的Green函数实部 ················ 90
附录B2 计算点的Green函数实部 X 偏导数 ················ 91
附录B3 计算点的Green函数实部 Y 偏导数 ················ 93
附录B4 计算点的Green函数实部二阶偏导数 ················ 94

参考文献 ················ 96

第1章 绪 论

1.1 研究背景

目前,人类赖以生存的主要能源为石油、天然气等不可再生能源。随着工业化的不断发展与资源被过度开采,陆地上面临着能源枯竭、地面下降、各种各样的环境污染等严峻问题。其中,工业的血液——能源的枯竭,牢牢地遏制了人类发展的命脉。为了生存与发展,人类不得不将目光投向约占地球表面积71%的广袤的海洋。随着科学技术的不断发展,科学家们发现海洋中蕴藏着数量庞大的资源,包括石油、天然气等不可再生能源,同时还蕴藏着数量极为可观的可再生能源,如波浪能、风能、潮汐能等,为未来清洁能源提供了可持续发展的道路。

海洋中资源的开采与运输等,离不开船舶与海洋结构物等结构设施,而这些结构物的水动力性能、运动及载荷的计算在整个船舶与海洋结构物设计中均占据了重要地位。由于源分布模型存在切向导数精度的问题[1],本书力求通过源-偶混合分布模型,独立而完整地完成适用于海洋工程领域工程计算实用的基础计算程序,即通过源-偶混合分布法分别建立常值元与高阶元边界积分方程,较为准确地进行船舶水动力性能、运动性能及载荷方面的研究。

1.2 国内外研究现状

随着海洋资源开发市场的快速发展,用以支撑天然气和石油勘探与开采、可再生能源转换装置的安装等的海洋结构物,其水动力性能及结构设计与优化,成为当前乃至今后一段时期船舶与海洋学术和工程界的研究重点与热点。以深海平台为例,按海洋结构物结构形式的不同,世界上主要有四类深海平台:

1. 浮式生产储油平台(floating production storage and offloading,FPSO)

浮式生产储油平台(图1-1)通常是驳船或者油船,在船上设有井孔和井架,一般靠锚泊系统或者动力定位控制其停靠在井口。FPSO 漂浮于水面,能够适应深海水深,而且具有良好的移动性能与自航性能。

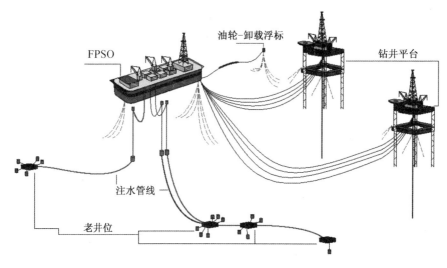

图 1-1 FPSO 系统

2. 半潜式平台(semi-submersible platform)

半潜式平台(图 1-2)由坐底式平台演变而来,其基本结构形式与坐底式平台相仿。上有平台甲板,水面以上部分可以不受波浪侵袭;下有浮体,沉于水面之下,可以减小波浪扰动力。立柱连接了这两个结构。由于半潜式平台水线面面积小,整个平台的运动响应对海况敏感度较低,在一般作业海况下水平位移不大于水深的 5%~6%,升沉幅值不大于 1~1.5 m,纵倾角与横倾角幅值小于或等于 2°~3°,具有出色的作业性能。

图 1-2 半潜式平台(海洋平台 981)

3. 张力腿平台(tension leg platform, TLP)

张力腿平台(图1-3)上部结构形式类似于半潜式平台,而平台是靠张力腿垂直向下固定于海底,属于固定式平台的一种。张力腿平台的造价随着水深的增加变化不是很大,成本上很有优势。此外,张力腿具有相当大的预张力,其运动幅度也比较小。

图1-3 张力腿平台

4. 立柱式平台(spar platform)

立柱式平台(图1-4)的主体结构是单圆柱,有全封闭式的,也有开放式的,共同点在于其横截面直径相同。立柱垂直悬浮在水里,主体吃水较大,其上安装的刚性垂直立管与平台上部的纵荡、垂荡运动幅度小,适用于深水作业。

图1-4 立柱式平台

如前所述,随着资源开采进度的加快,人们对海洋作业平台的结构尺寸设计要求越来越高,且作业地区逐渐向深、远海扩展。而海洋波浪的主要能量一般集中在3～20 s的周期范围内。在此范围内,波浪会对浮式结构物产生很大的作用载荷,特别是在共振的情况下,有可能产生灾难性的响应。比如,对于半潜式海洋平台,通常通过柔性锚链设计,使浮式结构物的水平固有周期大于1 min。对于张力腿平台,一般认为其在垂向是刚性的,所以其升沉、横摇和纵摇的固有周期通常小于3 s。但是,这类手段并不能真正地消除共振的影响,因为二阶乃至更高阶的作用力,通常会产生频率更高的和频力和频率更低的差频力。外力载荷预报得不准确,极有可能会造成海洋结构物的倾覆,对人员的安全性、商业的经济性等各方面都将造成巨大的损失。因此,准确、合理地预报海洋浮式结构物在波浪作用下的运动响应以及波浪对结构物产生的外力载荷,对合理地设计浮体的结构形式至关重要。

1.2.1　水动力及载荷研究方法综述

在求解船舶和海洋结构物与波浪相互作用时,目前我们进行相关研究的手段主要有三种,即各种类别的试验研究、直接的数学解析求解以及数值近似模拟计算。

自1937年第一届国际拖曳水池会议(International Towing Tank Conference, ITTC)在Hamburg召开至今,历届出的论文集,汇聚了各国船舶试验的成果总结,提出了各式各样的热点讨论问题,给各国船舶试验提供了良好的国际学术交流条件。除此之外,孟昭寅[2],Kim、Choi、Veikonheimo[3]、刘卫斌、吴华伟[4]、周广利、黄德波、李凤来[5]、Min、Kang[6]、李广年、谢永和、郭欣[7]、Souto-Iglesias、Fernández-Gutiérrez、Pérez-Rojas[8]等学者,在不同的期刊上均给出了船舶的试验结果与分析。显而易见,试验方法无疑是最能反映实际水动力问题的客观方式。但是,根据以往的经验来看,无论是实船试验,还是模型试验,都需要大量人力、物力、财力的投入,而且实验仪器的精度也很大程度上影响着试验测量的精度。并且基于各种因素的综合考虑,不可能对于每一艘船舶或是浮式结构物,都采用试验的方法来实测研究。目前,试验方法只作为理论与数值计算的参考。

数学的魅力在于能够将现实中的问题转化为数学问题。船舶与海洋结构物在流域中的运动等性能问题,亦可以通过数学方法提取出所需的数学物理模型,找出相关的规律,并进行解析求解,是相对理想而且颇具经济性的选择。Stokes[9]的尝试,即用级数展开法来求解微幅波问题,开辟了浮体运动等特性的解析解或半解析解的求解之路。近一个世纪后，Havelock[10]、MacCamy、Fuchs[11]分别得到了无限水深、有限水深下直立圆柱绕射问题的解析解；Garrett[12]求得了截断圆柱绕射解析解；Yeung[13]推导出了三维截断圆柱辐射、绕射解析解；Kagemoto、Yue[14]对多个截断直立圆柱的解析解进行了研究；Wang[15]得到了无限水深中的浸没圆球解析解；Wu、Taylor[16-17]研究了浸没球状体的辐射绕射解析解；等等。通过繁复的数学推导，我们目前能得到不少简单几何形状物体的解析解，为数值解提供了可靠的参考性，此外，对于一些求解困难的问题，我们可以采用匹配的方法将其转化为已知的解析解。

但是由于数学发展的限制，以及水动力问题本身的复杂性，较之简单几何形状物体，对于几何形状多样的浮体想通过直接方法解析研究一般情况下的水动力问题几乎还是不可能的。

数值逼近手段给无法或者很难直接求得解析解的各种水动力问题求解带来了福音。利用计算机编程原理，将波物相互作用的一些解析的、直接求解困难的问题转化为数值计算，以数值的方法来近似求解问题，成为目前船舶与海洋领域普遍采用的方法。基于势流理论求解水动力问题就是一个简化但不失有效性的方法。

这种方法通过引入速度势的概念，将原本以流体速度矢量为未知量的问题转化为以速度势标量为未知量的问题。由于流体无旋的假定，流体速度势在整个流体域内满足 Laplace 方程，因此对应的波浪-结构物的相互作用问题转化为求解流体速度势所满足的相应的初、边值问题。对于海洋浮式结构物，我们如果仅关心其稳态解，因基于物理量时间 t 为简谐变化的假定，则对应的初、边值问题进一步简化为边值问题。此外，对于瞬时问题，比如浮式结构物和系泊缆索或者动力定位系统在时域内的耦合作用问题，可以对频域的相关水动力系数进行 Fourier 变换，从而可以对浮式结构物进行间接时域分析。由此可见，基于势流理论假定的频域分析手段对海洋浮式结构物在波浪作用下的水动力问题的求解具有重要的作用。

1.2.2 二维计算理论综述

整个水动力问题的研究最初是在二维流场进行水动力问题的推导与分析。1955 年，Korvin-Kroukovsky[18]将空气动力学中的细长体理论引入船舶领域里，计算了规则波的垂向运动。其所推广公式物理意义远大于数学推导本身。Korvin-Kroukovsky、Jacobs[19-20]为将其推广至浮体的 6 个自由度，做了进一步的完善与改进，由此形成了二维切片理论。到了 20 世纪六七十年代，在

Korvin-Kroukovsky、Jacobs 工作的基础上，Gerritsma、Beukelman[21]用改进的二维切片理论计算了船舶运动与垂向弯矩；Smith[22]进行了任意船舶的垂荡与纵摇计算研究；Salvensen、Smith[23]进行了与试验值的比较，这些方法与试验结果对比良好；Ogilvie、Tuck[24]经过数学推导，提出了一种合理切片理论，对细长体问题进行了研究，成功克服了之前理论的缺陷；Grem、Schenzle[25]将切片理论用于船舶在斜浪中的横向运动预报；Söding[26]，Tasai[27]，Salvesen、Tuck、Faltinsen[28]对 Salvesen 提出的 STF 理论进行了完善。STF 理论因其对超出切片理论的一些例子仍能给出满意的结果而仍被广泛应用。此外，Tasai、Takaki[29]提出了一种新切片理论。

为了更好地研究高 Froude 数船舶的耐波性问题，Faltinsen、Zhao[30]提出了二维半理论。之所以称之为二维半理论，是因为该理论将二维 Laplace 方程与三维自由表面条件结合在一起，反映了流场的三维效应。其主要特点在于突破了以往二维势流理论关于不能考虑流场沿船长方向变化的限定。其理论起源于 Chapman[31]。Duan、Hudson、Price[32]，马山[33]等学者利用二维半理论进行了高速船舶水动力预报，对求解高速细长体问题有显著效果。

Kashiwagi[34]改善了统一理论，用于计算纵荡水动力。其考虑了纵荡分量，利用内域与外域的匹配，进行了辐射问题的求解。在浮体边界条件里，其保留法向量的 x 分量，用与解决绕射问题的类似方法来求解垂荡绕射问题，计算了半潜的球体垂荡水动力系数及激励力，并与三维法进行了比较。

总的来说，二维法计算效率高，在当时计算机水平并不高的情况下，能够解决很多水动力问题，并且已经实现了商业化，如美国海军的 SMP。

1.2.3　三维计算理论综述

由于二维法的使用有诸多的限制条件，如浮体必须为细长体，遭遇频率接近零时计算不准确等。自 1970 年以来，计算机技术的迭代更新促进了三维法的发展。学者利用 Green 第二定理与 Laplace 方程来求解边值问题，用于解决水动力问题。边界积分方程为求解关键。边界积分方程依据不同的方法进行离散。Green 函数的合理选择，如加以特定的项，可以避免在除物面之外的其他面上离散[35]。Newman-Kelvin 法适用于线性问题。浮体边界条件应用于在浮体平均位置及线性化的自由面条件。在 Hess、Smith[36]做了先驱工作后，离散单元边界元法逐渐成为研究热点。他们在浮体表面应用源分布模型，并且使用平面四边形来描述浮体表面。利用中心点法组成的边界积分方程最后转化成线性方程组，源强为未知量。对于小矩阵方程，可以用 LU 分解法；对于大矩阵，需要采用迭代求解法,如 GMRS[37-38]。

基于源分布模型的边界元法应用于海洋工程领域,如美国的 WAMIT[39],法国国际检验局(BV)的 Hydrostar,挪威船级社(DNV)的 HydroD,国内哈尔滨工程大学与中国船级社(CCS)联合开发的 COMPASS - WALCS - BASIC 等。

Chang[40]是第一个将有航速自由面 Green 函数应用于频域的学者。Inglis、Wprice[41]、Guevel、Bougis[42]、Wu、Eatock - Taylor[43]对 Chang 的工作进行了诸多研究与完善。

Liapis、Beck、King、Kosmeyer、Bingham 等在时域上做了一些工作。对于零航速问题,较之频域法,时域法并不占任何优势,因为其计算耗时相对多一些,而且占计算机内存,主要表现在卷积积分项。但是,如果在有航速范畴里,时域计算相比之下显得很有优势,因为它的计算时间与计算零航速问题所用时间相似,而频域法对于有航速 Green 函数的计算极其耗时。

Rankine 法采用的 Green 函数形式简单,可以用于研究自由面非线性等问题。由于其并不满足自由面条件,所以需要对物面和自由面进行网格划分。边界积分方程里保留了对自由面的积分项,可以用来研究自由面非线性、定常势问题等。但是,简单 Green 函数并不满足远方辐射条件,为此也困扰了众多学者,限制了该方法的发展。Israeli、Orszag[44]提出的数值海岸法使得 Rankine 法突破了瓶颈,得以快速发展。Nakos、Sclavounos[45]采用 Rankine 法编制了 SWAN。国内贺五洲、戴遗山[46-47]对简单 Green 函数法进行了深入研究,得到了在零航速下较好的解。但是,由于阻尼系数与厚度参数并没有较为明确的规定,不同研究者的计算结果差异很大,经常会出现计算发散的情况。基于 Rankine 法,Bertram[48]提出了一种线性频域方法,进行了定常流的分析。

廖振鹏[49]院士提出的多次投射理论主要应用于地震冲击波辐射研究,徐刚[1]、孙善春[50]将其尝试应用于简单 Green 函数法,理论上有望能较好地处理远方辐射条件,不过亦需要严格的数值验证。

1.2.4 自由面 Green 函数综述

自由面 Green 函数因其能同时满足线性自由面条件以及远方辐射条件的特性,明显简化了边界积分方程的形式,只需在浮体物面湿表面、水线源分布或汇。采用自由面 Green 函数法的关键在于要计算精确、稳定、快速。

Wehausen[35]经过详尽的推导,给出了三维频域无航速自由面 Green 函数表达式。Newman[51-53],Newman、Clarisse[54]通过分析 Green 函数的波动特性,给出了无航速 Green 函数波动项实部的计算方法,其中 Chebyshev 多项式的引入给 Green 函数的计算提供了极大便利。王如森[55]对 Newman 的成果做了进一步扩展,给出了 Green 函数一阶导数的高精度近似算法,为源分布法求解流体质点速度势导数创造了有利条件。此外,周庆标、张纲[56]、姚雄亮、孙士丽、张阿漫[57]在相似分区内,采用不同的数值算法,也实现了无航速 Green 函数本身以及一阶偏导数的数值计算,达到较好的数值精度。法国的 Noblesse[58]则对该经典自由面 Green 函数进行了无量纲化,给出了无量纲的 Green 函数表达式。基于该表达式,Telste、Noblesse[59],Ponizy、Noblesse、Ba[60]等人,Ponizy、Guilbaud、Ba[61],Chen[62]也进行了研究,并给出了相应的数值计算。

1.2.5 数值离散方法综述

基于势流理论的假定,即认为流体无黏、无旋,可以获得相应的基于质量守恒、动量守恒以及法向不可穿透条件的控制方程组。在流体域中应用 Green 第二定理,可以将相应的域积分问题转化为对应的边界积分问题,对应的积分变量为流体速度势和相应的 Green 函数。采用一定的数值离散技巧,可以对边界积分方程进行离散求解。

目前被大家广为应用的数值离散方法是常值面元法,利用该方法配以中心点法进行边界积分方程的数值离散求解。Hess[63]、Smith[64]是开拓常值面元法的先驱。光滑连续的浮体表面离散为若干平面三角形或四边形,未知的奇点源强以及法向导数在每个单元上为常数。离散的边界积分方程形成了一个以奇点源强为未知数的线性方程组。通过奇点源强,我们可以求得浮体上的物理特性。

常值面元法的优点在于它的简单性以及易于应用性。国内缪国平等人利用常值面元法进行了深入的水动力研究。然而,当浮体外形、水动力性能较为复杂时,如超大型结构物、多体干扰、浮体外形突变较大等,由于该方法对不规则频率的高敏感性,需要进行大量的单元划分,但仍然不能确保物面速度势及其导数的精度。对于常值面元法,求解的精度主要取决于物面的离散程度。单元划分越小,对浮体形状特性描述就越准确,同时每个小单元上的误差也就越小。若将浮体划分为 N 个小面元,则初始以及可能会用到的反复计算每个小面元所需的计算量为 $O(N^2)$。为验证计算结果的收敛性,每次都需要增加 N 的倍数。大量的单元计算比较耗时。此外,在某些情况下,若利用源-偶混合分布法直接求解物体表面流体质点的速度,需要 Green 函数的二阶导数,这部分工作目前研究较少。

第1章 绪 论

对边界离散,除了传统的常值面元法之外,高阶面元法近年来发展势头比较强劲。高阶面元法的优势在于,单元上物理量不再是常值,更加符合实际波物相互作用时的物理特性。物体表面被离散为曲面三角形或者四边形。面内采用插值基函数。函数展开式的阶数取决于面元节点数。单元与单元之间无裂缝,而单元之间连接处的法向量和 Jacobian 并不连续。单元上的未知速度势用同样的基函数表示。这种方法使计算精度得到很大提高,求解流场速度也极为方便。国内外学者如 Atkinson[65]、滕斌、勾莹、宁德志[66]在高阶面元法上做了很多研究。

除了传统的常值面元法以及近年来比较火的高阶面元法之外,段文洋和陈纪康等提出了一种泰勒展开边界元方法[67-69]——对边界积分方程中的源、偶极进行泰勒展开,将其保留至一阶项,将原来的 N 方程组拆分成 $3N$ 方程组,未知量增加了两个切向导数,使得未知数个数与方程数相符,方程有唯一解。这种方法较好地改善了非光滑边界的切向速度精度。不过,目前他们采用的是 Rankine 法加阻尼层的方法进行水动力相关问题的求解。如果将该方法扩展至自由面 Green 函数法中,则需要计算 Green 函数二阶导数的积分。

1.3 本书的主要工作

综上所述,边界元求解浮体水动力问题的关键在于,合理地选择相应的 Green 函数,并对 Green 函数及其导数进行准确的数值计算,通过 Green 第二定理,建立以速度势或者源强为未知量的边界积分方程,选择恰当的数值离散手段,对相应的边界积分方程进行离散,并利用求解大型稠密线性方程组的数值方法进行方程组的求解。本书的主要工作就是通过一种利用不同于源分布模型的源-偶混合分布模型,独立而完整地完成两套适用于海洋工程领域工程计算实用的计算程序。本书主要做了以下几个方面的工作:

1. 首先对整个波物相互作用过程进行系统化的数学一般描述,并根据本书的具体研究进行线性化处理,对浮体在流域中的水动力问题有一个全面的理解。

2. 考虑到源-偶混合分布模型的特殊性,需要实现对所需的三维频域自由面 Green 函数及其高阶导数的精确计算。本书采用 Chebyshev 多项式逼近法,对分区 Green 函数及其高阶导数进行了数值逼近。

3. 利用自由面 Green 函数,建立了基于传统常值面元法的源-偶混合分布边界积分方程,以求解速度势及其导数;通过算例解析解的对比,验证了本书自行编制程序的准确性。

4. 利用 Green 函数法,建立了基于等参高阶面元法的源-偶混合分布边界积分方程,独立编制了三维频域等参高阶面元法计算程序。通过简单几何形状物体算例的数值计算,验证了高阶元混合分布的准确性与收敛性。

5. 最后,利用这两种源-偶混合分布边界积分方程求解的速度势等相关物理量,进行了浮体的运动及漂移力求解。经过数值验证后,对一艘 FPSO 进行了水动力系数、运动及慢漂力、压力的计算与分析。

第 2 章 三维波物相互作用的数学描述

在进行相关研究之前,我们要做一些合理的假定。海洋结构物(如平台、FPSO 等)结构尺寸普遍较大,波幅较之于其特征长度为小量,所以黏性影响相对而言是一个局部或者次要因素。因此首先假设流体是理想流体,是不可压缩的,并且不考虑黏性的影响;其次假设初始时刻流场流动无旋,那么在之后的时间变化中,流场流动始终无旋;最后假设流场中的物体是刚体。

2.1 坐标系的定义

对于三维问题,需要明确坐标系,以便于正确建立与求解方程。这里定义两个坐标系:空间固定坐标系 $O-xyz$ 及固船坐标系 $O-x_b y_b z_b$,如图 2-1 所示坐标系定义。

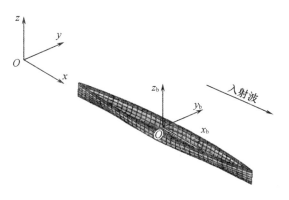

图 2-1 坐标系定义

2.2　全非线性条件及线性化处理

对于波浪-结构物相互作用的初边值问题,其问题本身理应为非线性的。通常的求解手段是采用摄动理论方法进行线性化处理。选择波陡作为摄动展开的小参数,并且假定结构物的特征尺度和波长为同一数量级。通过摄动分析,将待求解的问题转化为对应的线性问题、问题、二阶问题以及更高阶的问题。

2.2.1　控制方程

理想流体满足两个最基本的控制方程,即连续性方程

$$\nabla \cdot \boldsymbol{v} = 0 \qquad (2-1)$$

和 Euler 运动方程

$$\left(\frac{\partial}{\partial t} + \boldsymbol{v} \cdot \nabla\right)\boldsymbol{v} = -\nabla\left(\frac{p}{\rho} + gy\right) \qquad (2-2)$$

式中,$\boldsymbol{v}(x,y,z,t)$、$p(x,y,z,t)$、ρ、g 分别表示速度矢量、压力、流体密度与重力加速度。Euler 方程内含 3 个方程式,则以上 4 个方程式自封闭,理论上可以得到唯一解。

鉴于 Euler 方程的复杂性,直接求解较为困难。将式(2-2)做向量变换,即将

$$\nabla\left(\frac{v^2}{2}\right) = \nabla\left(\frac{\boldsymbol{v} \cdot \boldsymbol{v}}{2}\right) + (\boldsymbol{v} \cdot \nabla)\boldsymbol{v}_z + \boldsymbol{v} \times (\nabla \times \boldsymbol{v}) \qquad (2-3)$$

代入式(2-2)得到

$$\frac{\partial \boldsymbol{v}}{\partial t} + \nabla \frac{v^2}{2} - \boldsymbol{v} \times (\nabla \times \boldsymbol{v}) = -\nabla\left(\frac{p}{\rho} + gy\right) \qquad (2-4)$$

基于流场流动无旋的假设,式(2-4)中左端第三项为零。

无旋必有势,即存在 $\Phi(x,y,z,t)$ 满足式(2-4),同样将速度势代入式(2-1),原式理应成立,即流场的 Laplace 方程为

$$\nabla^2 \Phi(x,y,z,t) = 0 \qquad (2-5)$$

Laplace 方程决定了流场的速度分布。再将速度势代入式(2-4)得

$$\nabla\left(\frac{\partial \Phi}{\partial t} + \frac{\nabla \Phi^2}{2} + \frac{p}{\rho} + gy\right) = 0 \qquad (2-6)$$

对上式积分得

$$\frac{\partial \Phi}{\partial t} + \frac{\nabla \Phi^2}{2} + \frac{p}{\rho} + gy = C(t) \tag{2-7}$$

这就是 Lagrange 积分方程,其决定了流场压力分布。

2.2.2 边界条件

满足 Laplace 方程的解有很多,要确定唯一解,需要寻找特定问题的边界条件来约束。对于海洋结构物所在的流场,也需要寻找相应的定解条件,给出第一类或者第二类、第三类边界条件,方能得到速度势唯一解。此外,全非线性的边界条件相对自由面 Green 函数法而言较难处理,因此需要对边界条件进行线性化处理。

1. 固壁条件

物面不可穿透,因此可以得到

$$\left.\frac{\partial \Phi}{\partial n}\right|_S = U_n \tag{2-8}$$

该式左端表示物面上流体质点的法向速度,等式右端为物面相应位置的点的法向速度,即当两者相等时,流体不会从物面中流出或流进。

这里简要证明一下式(2-8)的物理意义。物面上可以得到其运动学方程

$$F[x(t), y(t), z(t)] \equiv 0 \tag{2-9}$$

式中,t 表示物体的运动或者变形。有

$$\left.\frac{\partial \Phi}{\partial n}\right|_S = (n \cdot \nabla \Phi)|_S = \left[\frac{\partial \Phi}{\partial x_i} \cdot \frac{\partial F}{\partial x_i} \bigg/ \left(\frac{\partial F}{\partial x_i} \cdot \frac{\partial F}{\partial x_i}\right)^{\frac{1}{2}}\right]_S \tag{2-10}$$

式中,x_i 为张量记法。经过 dt 时间段后,有

$$F[(x_i + U_i dt), t + dt] \equiv 0 \tag{2-11}$$

展成 Taylor 级数,保留低阶项,变换顺序可得

$$U_n = U_i \frac{\partial F}{\partial x_i} \bigg/ \left(\frac{\partial F}{\partial x_i} \cdot \frac{\partial F}{\partial x_i}\right)^{\frac{1}{2}} = -\frac{\partial F}{\partial t} \bigg/ \left(\frac{\partial F}{\partial x_i} \cdot \frac{\partial F}{\partial x_i}\right)^{\frac{1}{2}} \tag{2-12}$$

组合式(2-10)和式(2-12),可得

$$\frac{\partial F}{\partial t} + \frac{\partial F}{\partial x_i} \cdot \frac{\partial F}{\partial x_i} = \frac{DF}{Dt} = 0 \tag{2-13}$$

式(2-13)表征物质导数等于零,即流场中流体质点若在物面上,则其永远在物面上。

2. 自由面条件

我们忽略自由表面的张力影响。自由面条件包含了运动学条件与动力学条件。同固壁条件一样,自由面的运动学条件是自由面上的流体质点一直处在

自由面上。其数学表达式为

$$F[x(t),y(t),z(t)] \equiv 0 \qquad (2-14)$$

式中,$x(t)$、$y(t)$、$z(t)$ 表示流体质点的轨迹;t 为时间。

式(2-14)两边都对 t 求导,可以得到

$$\frac{\mathrm{d}F}{\mathrm{d}t} = \frac{\partial F}{\partial t} + \frac{\partial F}{\partial x} \cdot \frac{\mathrm{d}x}{\mathrm{d}t} + \frac{\partial F}{\partial y} \cdot \frac{\mathrm{d}y}{\mathrm{d}t} + \frac{\partial F}{\partial z} \cdot \frac{\mathrm{d}z}{\mathrm{d}t} = 0 \qquad (2-15)$$

易知

$$\frac{\partial \Phi}{\partial x} = \frac{\mathrm{d}x}{\mathrm{d}t}, \quad \frac{\partial \Phi}{\partial y} = \frac{\mathrm{d}y}{\mathrm{d}t}, \quad \frac{\partial \Phi}{\partial z} = \frac{\mathrm{d}z}{\mathrm{d}t} \qquad (2-16)$$

式(2-16)即流体质点的速度分量,因此将其代入式(2-15)可以得到

$$\frac{\mathrm{d}F}{\mathrm{d}t} = \frac{\partial F}{\partial t} + \frac{\partial F}{\partial x} \cdot \frac{\partial \Phi}{\partial x} + \frac{\partial F}{\partial y} \cdot \frac{\partial \Phi}{\partial y} + \frac{\partial F}{\partial z} \cdot \frac{\partial \Phi}{\partial z} = 0 \quad (F=0) \qquad (2-17)$$

若用波面升高 η 来表示自由面方程,有

$$F = -\eta(x,y,t) \qquad (2-18)$$

则式(2-18)和式(2-17)又可以改写成

$$\frac{\partial \Phi}{\partial z} = \frac{\partial \eta}{\partial t} + \frac{\partial F}{\partial x} \cdot \frac{\partial \Phi}{\partial x} + \frac{\partial F}{\partial y} \cdot \frac{\partial \Phi}{\partial y} \quad (z = \eta(x,y,t)) \qquad (2-19)$$

动力学条件可以从伯努利方程中推导出,即假设大气压在自由表面处处相等且为0,则

$$\frac{\partial \Phi}{\partial t} + \frac{1}{2}\nabla\Phi \cdot \nabla\Phi + gz = 0 \quad (z = \eta(x,y,t)) \qquad (2-20)$$

反推出在波面上有如下关系:

$$\eta = -\frac{1}{g}\left(\frac{\partial \Phi}{\partial t} + \frac{1}{2}\nabla\Phi \cdot \nabla\Phi\right) \qquad (2-21)$$

若考虑做线性简化,即波面、波陡都是小量,则式(2-19)中右端的三个乘积量都可以视作二阶无穷小,那么式(2-19)可以化简为

$$\frac{\partial \Phi}{\partial z} = \frac{\partial F}{\partial t} \quad (z = \eta(x,y,t)) \qquad (2-22)$$

由于波面是未知量,需要做进一步的变化。将式(2-22)左端项在平均自由面进行泰勒级数展开,只保留一阶项,可以得到在平均自由面上的运动学条件:

$$\frac{\partial \Phi}{\partial z} = \frac{\partial \eta}{\partial t} \quad (z=0) \qquad (2-23)$$

余下的动力学条件仍然在静水面进行泰勒级数展开,并只保留一阶量,则有

$$\eta = -\frac{1}{g}\frac{\partial \Phi}{\partial t} \quad (z=0) \tag{2-24}$$

联立式(2-23)与式(2-24),消去波面升高,可得

$$\frac{\partial^2 \Phi}{\partial t^2} + g\frac{\partial \Phi}{\partial z} = 0 \quad (z=0) \tag{2-25}$$

3. 无穷远处条件

流场无穷远处也应给出边界条件,以形成封闭的边界。考虑到存在自由液面,流场中的一点扰动将会引起自由面的波动,因此无穷远条件必须要考虑到这些问题。

对于三维问题,外传的柱面波应以 $1/R$ 的速率衰减至无穷远,即

$$\lim_{R\to\infty}\sqrt{R}\left(\frac{\partial \Phi}{\partial R} + \frac{1}{c}\frac{\partial \Phi}{\partial t}\right) = 0 \tag{2-26}$$

式中,c 为波速;R 为无穷远柱面与结构物之间的水平距离。

除此之外,由于无限水深处也需要封闭,因而除了上面的无穷远条件(辐射条件)之外,还应满足

$$\lim_{z\to\infty}\nabla \Phi = 0 \tag{2-27}$$

即扰动随着水深的增加而逐渐减弱至零。

此外,由于速度势在频域中可被认为是简谐量,在之后的章节中会将时间 t 分离,因此在这里不用设定初始条件。

2.3 Green 函数法的提法

Green 函数法来源于 Green 公式。对于三维域中的有界区域,有

$$\iiint_\tau \nabla \cdot \boldsymbol{A} \mathrm{d}\tau = \iint_S \boldsymbol{n} \cdot \boldsymbol{A} \mathrm{d}S \tag{2-28}$$

式中,τ 为体积;S 表示光滑的边界面;$\boldsymbol{n}$ 为 S 的法向量,指向流域外侧;$\boldsymbol{A}$ 为流域内连续的任意物理量。

将 $\boldsymbol{A} = \Phi\nabla\Psi$ 以及 $\boldsymbol{A} = \Psi\nabla\Phi$ 分别代入式(2-28),然后相减,可得 Green 第二公式

$$\iint_S \left(\Phi\frac{\partial \Psi}{\partial \boldsymbol{n}} - \Psi\frac{\partial \Phi}{\partial \boldsymbol{n}}\right)\mathrm{d}S = \iiint_\tau (\Phi\nabla^2\Psi - \Psi\nabla^2\Phi)\mathrm{d}\tau \tag{2-29}$$

由于 Φ、Ψ 在流域内处处调和,上式可化简为

$$\iint_S \left(\Phi \frac{\partial \Psi}{\partial n} - \Psi \frac{\partial \Phi}{\partial n} \right) dS = 0 \qquad (2-30)$$

令 Φ 为未知调和势函数，那么只需要寻找一个合适的 Ψ，使得

$$\iiint_\tau \Phi(q) \nabla^2 \Psi(p,q) d\tau = \Phi(p) \quad (p \in \tau) \qquad (2-31)$$

式中，p 为域内场点；q 为域内源点。由式(2-31)可知，势函数在任意场点 p 上的值可用其在边界上的函数值与法向导数值表示，这为之后的定解方程组求解提供了极大的便利。

2.4 源-偶混合分布边界积分方程

应用 Green 第二定理，并将 Ψ 定义为 Green 函数 G，则流域内的边界积分方程可以表示为

$$\iint_S \left[G \frac{\partial \Phi(q)}{\partial n_q} - \Phi(q) \frac{\partial G}{\partial n_q} \right] dS_q = 4\pi \Phi(p) \qquad (2-32)$$

这里的积分域包括了底部、物面、自由面及无穷远的圆柱面。

物体的边界积分方程可以写为

$$\iint_S \left[G \frac{\partial \Phi(q)}{\partial n_q} - \Phi(q) \frac{\partial G}{\partial n_q} \right] dS_q = 2\pi \Phi(p) \qquad (2-33)$$

这就是初始的边界积分方程，也就是源-偶混合分布模型。基于源-偶混合分布模型求得 Green 函数，通过一定的数值离散手段就可以直接求得速度势。

2.5 本章小结

本章主要介绍了水动力问题的基本控制方程及其定解条件，对其做了线性化处理后，采用 Green 函数法进行控制方程与定解条件的求解，将流域中的问题转化到边界上来求解，为下文 Green 函数及边界积分方程的数值求解提供了理论基础。

第3章 基于级数逼近的 Green 函数及导数数值计算

利用边界元法研究波物相互作用问题时,通常采用两种方法来求解速度势:一是简单 Green 函数法,二是自由面 Green 函数法。简单 Green 函数法又称 Rankine 法,其形式简单,但需要在浮体湿表面与自由面分布奇点,计算量甚大,而且其计算容易发散。而自由面 Green 函数法满足除物面条件以外的其他流域、边界条件,只需在我们所关心的浮体湿表面分布奇点。但是三维频域自由面 Green 函数的解法是尤为重要的,其关系到整个边界积分方程的求解。因此,本章先给出三维频域无限水深 Green 函数的简要理论推导,在以往学者研究的基础之上,研究并实现了该 Green 函数本身及其高阶导数的数值算法,为浮体在流体域中基于源 – 偶混合分布模型的水动力研究提供基础。

3.1 Green 函数的基本推导

简单源的表达形式为 Laplace 方程的一个解,但是并不一定满足其他条件,因此,需要添加一些特定的修正项,用以满足除物面以外的其他所有定解条件,我们令

$$G_F = \frac{1}{r_{pq}} + G'_F \tag{3-1}$$

其中,公式右端第一项为 Rankine 部分,其物理意义为场点 p 与源点 q 的空间距离;第二项为修正项,在流场中并无奇异性,并且规定其满足 Laplace 方程以及假设其满足

$$\begin{cases} \dfrac{\partial G'_F}{\partial z} - \mu G'_F = 0 & (z = 0) \\ \nabla G'_F \to 0 & (z \to -\infty) \\ \lim\limits_{R \to \infty} \sqrt{R} \left(\dfrac{\partial G'_F}{\partial R} - ik G'_F \right) = 0 \end{cases} \tag{3-2}$$

中的条件。第二个表达式表示本书研究的是无限水深问题。

引进柱坐标,则有

$$\begin{cases} x - \xi = R\cos\theta \\ y - \eta = R\sin\theta \\ z = z \end{cases} \quad (3-3)$$

因此,Laplace 方程分离变数解可表示为

$$(e^{kz}, e^{-kz})(J_m(kR), Y_m(kR))(\cos m\theta, \sin m\theta) \quad (3-4)$$

式中,$J_m(kR)$ 为第一类 m 阶 Bessel 函数;$Y_m(kR)$ 为第二类 m 阶 Bessel 函数。

由于修正项无奇异性,而且考虑到底部条件,并且 Green 函数与 θ 无关,即 $m=0$,所以只有 $e^{kz}J_0(kR)$ 符合条件;此外,当 $k=\mu$ 时,$e^{\mu z}J_0(\mu R)$ 还满足自由面条件,但是不满足远方辐射条件。因此,取上述诸解的线性叠加作为修正项,则 Green 函数完整表达式可以表示为

$$G_F = \frac{1}{r} + \int_0^\infty a(k) e^{kz} J_0(kR) dk + b e^{\mu z} J_0(\mu R) \quad (3-5)$$

式中,a、b 为待定项,代入自由面条件变换后可得

$$a(k) = \left(\frac{2\mu}{k-\mu} + 1\right) e^{k\zeta} \quad (3-6)$$

将其代入式(3-5),则有

$$G_F = \frac{1}{r} + \int_0^\infty \left(\frac{2\mu}{k-\mu} + 1\right) e^{k\zeta} e^{kz} J_0(kR) dk + b e^{\mu z} J_0(\mu R) \quad (3-7)$$

被积表达式含有奇点 $k=\mu$,易知有

$$\int_0^\infty e^{k(z+\zeta)} J_0(kR) dk = \frac{1}{r_{pq'}} \quad (3-8)$$

则式(3-7)和式(3-8)可以化简为

$$G_F = \frac{1}{r_{pq}} + \frac{1}{r_{pq'}} + 2\mu \mathbf{P.V.} \int_0^\infty \frac{1}{k-\mu} e^{k(z+\zeta)} J_0(kR) dk + b e^{\mu z} J_0(\mu R) \quad (3-9)$$

当 $R \geq 1$ 时,有式(3-9)的渐近式

$$J_0(kR) \approx \sqrt{\frac{2}{\pi kR}} \cos\left(kR - \frac{\pi}{4}\right) \quad (3-10)$$

对 $kR - \frac{\pi}{4}$ 进行加一项、减一项 μR 的处理,则有

$$\cos\left(kR - \frac{\pi}{4}\right) = \cos\left(\mu R - \frac{\pi}{4}\right) \cos[(k-\mu)R] - \sin\left(\mu R - \frac{\pi}{4}\right) \sin[(k-\mu)R]$$

$$(3-11)$$

$R \to \infty$,则有

第3章 基于级数逼近的 Green 函数及导数数值计算

$$\int_{b_1}^{b_2} f(x) \frac{\cos[R(x-x_0)]}{x-x_0} dx = O\left(\frac{1}{R}\right)$$

$$\int_{b_1}^{b_2} f(x) \frac{\sin[R(x-x_0)]}{x-x_0} dx = \pi f(x_0) + O\left(\frac{1}{R}\right) \quad (3-12)$$

即 Green 函数的渐进式可以表示成

$$G_F = \sqrt{\frac{2}{\pi \mu R}} \left[-2\pi \mu e^{\mu \zeta} \sin\left(\mu R - \frac{\pi}{4}\right) + b\cos\left(\mu R - \frac{\pi}{4}\right) \right] e^{\mu z} + O\left(\frac{1}{R}\right) \quad (3-13)$$

易知,为满足远方辐射条件,即波外传且逐渐消逝,b 应取成 $2i\pi\mu e^{\mu\zeta}$,则频域无限水深 Green 函数可以表示为

$$G_F = \frac{1}{r_{pq}} + \frac{1}{r_{pq'}} + 2\mu \mathbf{P.V.} \int_0^\infty \frac{1}{k-\mu} e^{k(z+\zeta)} J_0(kR) dk + 2i\pi\mu e^{\mu(z+\zeta)} J_0(\mu R) \quad (3-14)$$

式中,等式右端第三项为主值积分,需要重点处理。

3.2 Green 函数分区

我们将自由面三维频域无限水深 Green 函数的计算分解为两个部分,即

$$G_F = G_r + G_{r'} + \widetilde{G} \quad (3-15)$$

式中,等式右端第一项为简单源,也就是式(3-14)中等式右端的第一项;等式右端第二项为第一项的镜像点;等式右端第三项为波动项。

第三项波动项是我们需要着重计算的部分。首先,我们给出波动项的实部经典表达式

$$F(X,Y) = 2\int_0^\infty e^{-ky} \frac{J_0(X)}{k-1} dk \quad (3-16)$$

式中,k 为波数,将波动项转化为以 X、Y 为自变量的函数。式(3-16)进行简单变换后查阅积分变换表[70],其可变化为

$$F(X,Y) = -\pi e^{-Y}[H_0(X) + Y_0(X)] - 2\int_0^Y e^{t-Y}(X^2+t^2)^{-1/2} dt \quad (3-17)$$

本章称式(3-16)与式(3-17)为 Green 函数通式。此后的复杂表达式基本上都是由这两个公式衍生而来的。

基于 Newman 分区,我们将其计算区域分成五个区域,分别为 A 域、B 域、C

域、D 域和 E 域,如图 3-1 计算区域分区所示。

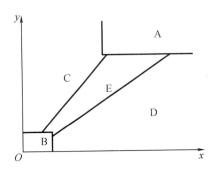

图 3-1　计算区域分区

3.3　Green 函数偏导数通式

对于一个完整的基于源分布模型的边界积分方程问题,我们至少需要 Green 函数本身以及一阶偏导数的算法。所以我们需要得到 Green 函数一阶导数通式。首先,我们来研究 Green 函数偏导数的通式及其特性。

由式(3-16)可得

$$\frac{\partial F}{\partial Y} = -\frac{2}{\sqrt{X^2+Y^2}} - F(X,Y) \qquad (3-18)$$

而对于基于源-偶分布模型的水动力边界积分方程的求解,我们至少还需要 Green 函数的二阶导数。因而,我们对式(3-17)求导,得出 $F(X,Y)$ 对 Y 的二阶偏导数

$$\frac{\partial^2 F}{\partial Y^2} = \frac{2Y}{(X^2+Y^2)^{3/2}} + \frac{2}{\sqrt{X^2+Y^2}} + F(X,Y) \qquad (3-19)$$

由式(3-18)与式(3-19)可知,若要计算 $F(X,Y)$ 对 Y 的高阶导数,只需对 $F(X,Y)$ 进行计算,因为 Y 的高阶偏导数都是 $F(X,Y)$ 的函数。

然后,我们得到 $F(X,Y)$ 对 X、Y 的混合偏导数为

$$\frac{\partial^2 F}{\partial X \partial Y} = \frac{2X}{(X^2+Y^2)^{3/2}} - \frac{\partial F}{\partial X} \qquad (3-20)$$

综上,$F(X,Y)$ 的 Y 偏导数与混合偏导数都是 $F(X,Y)$ 及其高阶 X 偏导数的函数,因此,我们只需研究 Green 函数及其高阶 X 偏导数的算法。

3.3.1 E 域的 Green 函数原函数

E 域我们采用的 $F(X,Y)$ 原函数是式(3-17),对其直接求 X 偏导数,可得

$$\frac{\partial F}{\partial X} = -2\mathrm{e}^{-Y} + \pi\mathrm{e}^{-Y}[H_1(X) + Y_1(X)] + 2X\int_0^Y \mathrm{e}^{t-Y}(X^2 + t^2)^{-3/2}\mathrm{d}t \tag{3-21}$$

二阶 X 偏导数也可以通过式(3-22)极为方便地得到:

$$\frac{\partial^2 F}{\partial X^2} = \frac{1}{2}\pi\mathrm{e}^{-Y}\left[\frac{2X}{3\pi} + Y_0(X) - Y_2(X) + H_0(X) - H_2(X) + 2\int_0^Y \frac{t^2 - 2X^2}{(t^2 + X^2)^{5/2}}\mathrm{e}^{t-Y}\mathrm{d}t\right] \tag{3-22}$$

由图 3-1 可知,E 域与坐标轴相对来说相距甚远,因而式(3-21)与式(3-22)并无奇异性。这里我们对 Green 函数本身及其高阶 X 偏导数并不做过多转换,可以直接利用多项式逼近。

3.3.2 其他区域 Green 函数原函数

$F(X,Y)$ 本身在 E 域之外的其他区间沿用 Newman 的解析式,解决方法类似,这里以 $2X<Y$ 为例简要说明。当 $2X<Y$ 时,将式(3-16)中的零阶 Bessel 函数进行幂级数展开,然后不断分部积分,则 $F(X,Y)$ 最后可以表示为

$$\begin{aligned}F(X,Y) &= 2\sum_{n=0}^{\infty}\frac{1}{(n!)^2}\left(\frac{-X^2}{4}\right)^n \sum_{m=1}^{\infty}\left[\frac{(m-1)!}{Y^m} - \mathrm{e}^{-Y}E_i(Y)\right] \\ &= -2\mathrm{e}^{-Y}E_i(Y) + 2\sum_{n=1}^{\infty}\frac{1}{(n!)^2}\left(\frac{-X^2}{4}\right)^n \sum_{m=1}^{\infty}\left[\frac{(m-1)!}{Y^m} - \mathrm{e}^{-Y}E_i(Y)\right]\end{aligned} \tag{3-23}$$

式中,$E_i(Y)$ 为指数积分。

根据 Hadamard 假设,可以对式(3-23)进行任意次的求导。一阶偏导数则需要对式(3-23)进一步求导,以一阶 X 偏导数为例,小心处理级数项,可得

$$\frac{\partial F}{\partial X} = \frac{4}{X}\sum_{n=1}^{\infty}\frac{1}{n!(n-1)!}\left(\frac{-X^2}{4}\right)^n \sum_{m=1}^{\infty}\left[\frac{(m-1)!}{Y^m} - \mathrm{e}^{-Y}E_i(Y)\right] \tag{3-24}$$

在进行数值计算时,式(3-24)需要比式(3-23)多若干项,具体项数以需要的精度为基准。该区间的二阶偏导数的处理相对简单,对式(3-24)继续求导,可得到以下表达式:

$$\frac{\partial^2 F}{\partial X^2} = \frac{4}{X^2}\sum_{n=1}^{\infty}\frac{(2n-1)}{n!(n-1)!}\left(\frac{-X^2}{4}\right)^n\left[\sum_{m=1}^{\infty}\frac{(m-1)!}{Y^m} - \mathrm{e}^{-Y}E_i(Y)\right] \tag{3-25}$$

同样,式(3-25)的项数由精度确定。在进行 Green 函数的计算时,可以直接利用类似式(3-23)~式(3-25)计算,也可以采用双重 Chebyshev 法进行逼近。需要注意的是,将表达式作为双重 Chebyshev 法的原函数,需要更多的项数。

3.4　Chebyshev 级数逼近

Chebyshev 多项式具有较强的收敛性,可以模拟任意光滑的曲面。以 E 域为例,我们定义需要进行多项式逼近的函数为剩余函数,即定义剩余函数为 $f_{re}(X,Y)$,则相应地有

$$f_{re}^0(X,Y) = \int_0^Y (t^2 + X^2)^{-1/2} e^{t-Y} dt \qquad (3-26)$$

$$f_{re}^1(X,Y) = X\int_0^Y (t^2 + X^2)^{-3/2} e^{t-Y} dt \qquad (3-27)$$

$$f_{re}^2(X,Y) = \int_0^Y (t^2 - 2X^2)(t^2 + X^2)^{-5/2} e^{t-Y} dt \qquad (3-28)$$

对 $f_{re}(X,Y)$ 进行双重 Chebyshev 级数逼近。在[-1,1]区间内,有逼近函数

$$f_{re}(X,Y) \approx \sum_{m=0}^{M} \sum_{n=0}^{N} d_{mn} T_m(X) T_n(Y) \qquad (3-29)$$

式中,d_{mn} 为 Chebyshev 系数;M 与 N 视精度而定。

3.5　特殊函数的递推

计算过程中,我们会碰到 $J_0(X)$、$Y_0(X)$、$H_0(X)$、$J_1(X)$、$Y_1(X)$、$H_1(X)$ 这几类特殊函数。在这里,我们用多项式逼近来求解。其中,式(3.21)为高阶 Bessel 函数与 Struve 函数,本书采用下面的递推式求解以保证精度。

$$\begin{cases} J_2(X) = \dfrac{2J_1(X)}{X} - J_0(X) \\ Y_2(X) = \dfrac{2Y_1(X)}{X} - Y_0(X) \\ H_2(X) = \dfrac{2X}{3\pi} + \dfrac{2H_1(X)}{X} - H_0(X) \end{cases} \qquad (3-30)$$

3.6 数值计算

3.6.1 Green 函数通式与一阶偏导数

我们将五个区域又根据精度细分成若干个子区域,对 Green 及其一阶导数通式进行级数逼近,计算若干个子区域的本身、一阶双重 Chebyshev 展开系数值。附录 A 中表 A1~表 A5 给出了部分区间 $F(X,Y)$ Chebyshev 系数展开值,表 A6~表 A10 给出了其一阶 X 偏导数 Chebyshev 展开系数值。显而易见,当 M、N 取到 5 时,d_{mn} 已经小于 1.0×10^{-6}。

为验证子区域双重 Chebyshev 级数逼近的精度,采用周庆标计算点来计算 F 及其导数。Green 函数通式本身及其 X 偏导数、Y 偏导数计算结果见附录 B 中表 B1~表 B3。其中,$F(\text{Zhou})$、$F_X(\text{Zhou})$、$F_Y(\text{Zhou})$ 为周庆标计算结果,$F(\text{mine})$、$F_X(\text{mine})$、$F_Y(\text{mine})$ 表示本章计算的 $F(X,Y)$ 及其偏导数。定义绝对误差

$$\text{ESP.} Func. = |Func. A - Func. B| \qquad (3-31)$$

式中,$Func.$ 为目标函数,$Func. A$、$Func. B$ 为两种计算结果。从附录 B 中可以直观地看出,$F(X,Y)$ 函数及一阶 X、Y 偏导数的计算结果至少达到 5~6 位精度。

3.6.2 Green 函数通式二阶偏导数

1. 二阶数值方法

在进行二阶 X 偏导数的计算时,我们提出以下两种方法进行试算求解:

(1)直接求解法(method1),即对二阶 X 偏导数解析式进行 Chebyshev 级数逼近。

(2)多项式求导法(method2),即对一阶 X 偏导数 Chebyshev 逼近多项式求导。

由于二阶导数在现有文献中没有计算点对比,为了验证逼近方法,我们先在 E 域内取若干计算点,用来检验二阶偏导数,E 域的 Green 函数通式的解析解可以用数值积分计算结果作为解析解标准值(analytical)。

图 3-2 给出了部分区间自变量 Y 为常量,F_{XX} 随 X 的变化趋势图。由图可知,采用 method1 直接求解法与 method2 多项式求导法的曲线变化趋势与标准

值趋势相近,但是,随着 Y 的增加,可以看到 method1 计算结果明显比 method2 的精度好,而且比较稳定。

method2 的精度相对较差,著者认为,主要在于其主项数随着求导的减少而减少,从而导致了精度的丧失。但观其趋势,实质上与 method1 直接逼近法得到的趋势是相近的,可以通过提高原函数的项数来进行模拟,直至达到相应的精度要求。

鉴于我们已经得到了 $F(X,Y)$ 及其高阶 X 偏导数的原函数,而且图 3-2 体现了二阶 X 偏导数原函数 Chebyshev 直接逼近的可靠性。因此综上而言,我们还是推荐采用直接逼近二阶 X 偏导数法进行 Chebyshev 系数的求解。

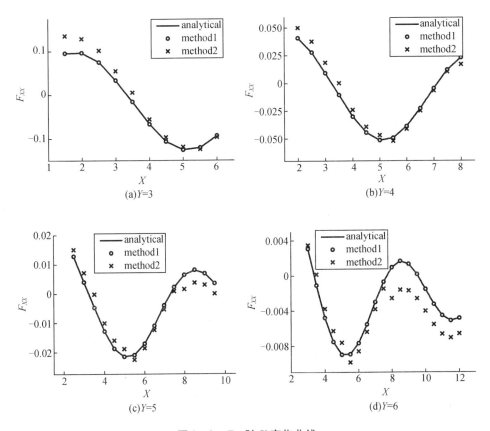

图 3-2 F_{XX} 随 X 变化曲线

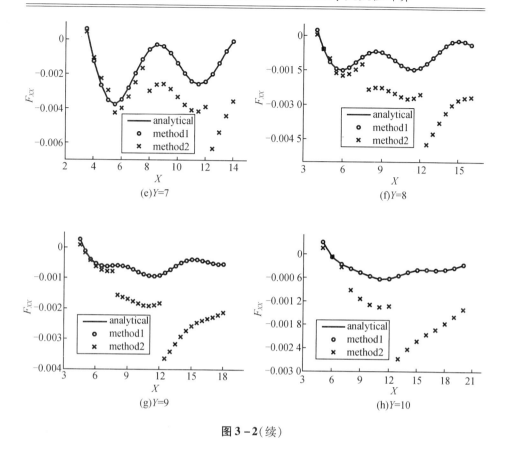

图 3-2(续)

2. 二阶数值精度验证

结合前面的结论,本小节采用 Chebyshev 级数逼近法对全区域进行了数值逼近,附录 A 中的表 A11~表 A15 为部分区间二阶 X 偏导数的 Chebyshev 系数。同 Green 函数通式及一阶偏导数结果类似,当 M、N 分别取至 5 时,系数已收敛。

为验证本书求解的二阶 X 偏导数精度,我们随机取点 (X,Y),进行二阶 X 偏导数的计算。在表 3-1、表 3-2 里给出了部分计算结果。其中,NF_{XX} 为本书选取的直接 Chebyshev 级数逼近法计算结果,SF_{XX} 为数值积分计算结果(对比衡准)。结果表明,本章计算的二阶 X 偏导数具有至少 5 位精度。

经验证后,本书在附录 B 还给出了周庆标计算点的二阶偏导数值,即表 B4,可为将来研究自由面 Green 函数二阶导数的学者提供参考数据。

此外,由于我们作为标准的直接数值积分法在计算时需要多次迭代,可以想见,当计算网格数目增加时其劣势将凸显,计算耗时。本书所选取的双重 Chebyshev 级数系数法只需固定存储若干非零项,可以制成数据库,从而节省了计算时间。

表 3-1　$F(X,Y)$ 二阶 X 偏导数值（X、Y 值较小）

X	Y	NF_{xx}	SF_{xx}	ESP. F_{xx}
1.350	2.067	0.191 216 741	0.191 221 771	5.03×10^{-6}
1.616	3.121	0.088 182 413	0.088 180 882	1.53×10^{-6}
2.039	3.121	0.085 097 739	0.085 097 742	3.00×10^{-9}
2.700	4.134	0.018 430 696	0.018 431 450	7.54×10^{-7}
2.818	5.293	0.006 284 125	0.006 284 755	6.30×10^{-7}
3.260	3.912	-0.000 429 783	-0.000 429 402	3.81×10^{-7}
3.722	5.627	-0.004 482 659	-0.004 482 441	2.18×10^{-7}
4.957	2.963	-0.128 538 699	-0.128 538 453	2.46×10^{-7}
3.833	3.833	-0.027 232 291	-0.027 231 825	4.66×10^{-7}
4.149	4.375	-0.025 545 959	-0.025 546 177	2.18×10^{-7}
4.320	5.863	-0.007 658 774	-0.007 658 372	4.02×10^{-7}
4.344	6.243	-0.005 360 755	-0.005 359 829	9.26×10^{-7}
4.848	9.364	0.000 178 041	0.000 178 881	8.40×10^{-7}
6.743	3.925	-0.014 911 626	-0.014 911 653	2.70×10^{-8}
5.995	4.134	-0.034 942 574	-0.034 942 930	3.56×10^{-7}
6.791	6.516	-0.003 060 644	-0.003 060 897	2.53×10^{-7}

表 3-2　$F(X,Y)$ 二阶 X 偏导数值（X、Y 值较大）

X	Y	NF_{xx}	SF_{xx}	ESP. F_{xx}
6.286	8.754	-0.000 752 673	-0.000 752 837	1.64×10^{-7}
7.046	13.233	0.000 157 230	0.000 157 825	5.95×10^{-7}
9.829	5.179	0.000 075 015	0.000 074 479	5.36×10^{-7}
8.993	6.201	0.000 784 559	0.000 783 902	6.57×10^{-7}
9.364	6.516	-0.000 291 295	-0.000 290 326	9.69×10^{-7}
9.592	10.587	-0.000 417 402	-0.000 416 659	7.43×10^{-7}
11.488	9.827	-0.000 679 103	-0.000 680 008	9.05×10^{-7}
9.783	14.590	-0.000 021 489	-0.000 021 460	2.90×10^{-8}
13.105	6.906	-0.001 253 866	-0.001 253 754	1.12×10^{-7}

表 3-2(续)

X	Y	NF_{XX}	SF_{XX}	ESP. F_{XX}
12.291	8.269	-0.001 156 119	-0.001 156 641	5.22×10^{-7}
16.631	9.812	-0.000 416 838	-0.000 417 259	4.21×10^{-7}
15.211	15.251	-0.000 136 094	-0.000 135 597	4.97×10^{-7}
17.232	14.741	-0.000 158 357	-0.000 158 691	3.34×10^{-7}
22.934	12.085	-0.000 174 960	-0.000 174 693	2.67×10^{-7}
22.409	15.203	-0.000 122 846	-0.000 122 718	1.28×10^{-7}
26.610	15.699	-0.000 092 508	-0.000 092 607	9.90×10^{-8}

3.6.3　Green 函数通式及高阶导数特性验证

图 3-3 为本章采用全区域 Chebyshev 级数逼近后计算得到的 Green 函数通式及高阶偏导数散布图。该图分为 6 幅小图,第一幅为 $F(X,Y)$ 空间分布图,第二幅与第三幅分别为 X、Y 偏导数随 X、Y 变化分布图,第四、五幅为二阶 X、Y 偏导数随变量分布图,最后一幅分图为二阶混合导数随变量分布图。其中,对 Y 的偏导数的求解即参考本书的递推公式(3-18)~(3-20),在前文的计算验证中,由于高阶 X 偏导数至少有 5~6 位精度,显而易见,其 Y 向偏导数与混合导数精度也是可以保证的,这里不再赘述。

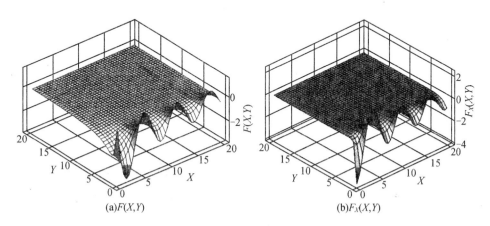

图 3-3　Green 函数及其高阶偏导数

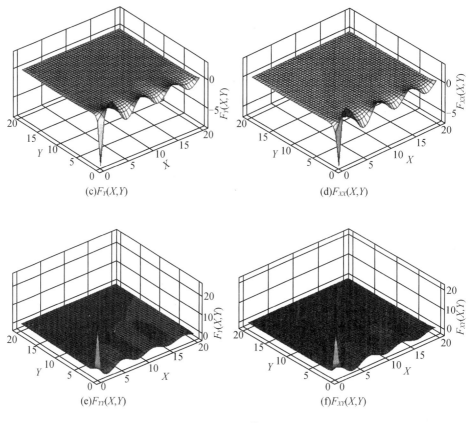

图3-3(续)

从图中可以看出,当 Y 较小时,Green 函数通式及高阶导数值相对较大,靠近(0,0)点出现极值,极值走向各不相同,$F(X,Y)$、$F_{YY}(X,Y)$ 与 $F_{XY}(X,Y)$ 的值为正值,而其他三个函数在靠近(0,0)点的极值为负值。$F_{YY}(X,Y)$ 与 $F_{YY}(X,Y)$ 的值相比其他更大,表明 Green 函数通式的一阶导数的变化率较大。当 X、Y 值较大时,函数过渡平缓,并且值很小,符合 Green 函数的近处波动、远处逐渐耗散为零的点源特性。

3.7 本章小结

本章主要探讨了频域自由面 Green 函数的数值算法,在定义区间内利用双重 Chebyshev 级数系数法逼近三维无限水深频域 Green 函数本身及高阶导数,并给出了部分区间 Green 函数本身至二阶导数的双重 Chebyshev 系数。数值计算结果表明,采用 Chebyshev 级数逼近目标函数及一阶偏导数,相比于以往学者所得结果(至少达 5~6 位精度),本章给出的二阶重新逼近能够保证计算结果至少保留 5~6 位精度。因此,本章为三维无限水深频域 Green 函数高阶导数的快速计算提供了一种有效的方法,同时为源 - 偶混合分布模型的应用提供了有效支撑与坚实基础。

第4章 基于源-偶混合分布模型的常值面元法研究

本章通过第3章给出的 Green 函数数值计算方法,基于源-偶混合分布模型,给出了基于常值面元法的积分方程的数值求解方法。

4.1 单位速度势的提法

速度势分为定常势 Φ_s 与非定常扰动势 $\hat{\Phi}$,本书主要研究后者。非定常扰动势 $\hat{\Phi}$ 又分为辐射势(radiation potential)与绕射势(diffraction potential),我们一般考虑浮体6个自由度的运动,用单位速度势来描述辐射势及绕射势。因此我们要求的非定常扰动势可以写作3个平动势、3个转动辐射势和1个绕射势,即

$$\hat{\Phi} = \mathrm{Re}\bigg[\bigg(\sum_{j=1}^{6} v_j \varphi_j + \varphi_7\bigg)\mathrm{e}^{-\mathrm{i}\omega t}\bigg] \tag{4-1}$$

为了简便起见,积分方程中以后都用 φ_j 来归一化地表示速度势,满足流域控制方程及边界条件。

流域满足如下方程:

$$\nabla^2 \varphi_j = 0 \tag{4-2}$$

而自由面为线性的,即

$$\frac{\partial \varphi_j}{\partial z} - \nu \varphi_j = 0 \tag{4-3}$$

无限深底部速度势耗散至零,因此可以写成

$$\nabla \varphi_j = 0 \tag{4-4}$$

同样无穷远处满速度势也耗散至零,则有

$$\lim_{R \to \infty} \sqrt{R}\bigg(\frac{\partial \varphi_j}{\partial R} - \mathrm{i}k\varphi_j\bigg) = 0 \tag{4-5}$$

在式(4-2)~式(4-5)中,j 取 1~7。

物面条件分为两类,对于辐射问题,则有

$$\frac{\partial \varphi_j}{\partial n} = n_j \tag{4-6}$$

j 取 $1\sim6$。

对于绕射问题,相应的物面条件与入射势有关,即

$$\frac{\partial \varphi_7}{\partial n} = -\frac{\partial \varphi_I}{\partial n} \tag{4-7}$$

4.2 源-偶混合分布与源分布边界积分方程

首先列出 φ_j 满足的常值源-偶混合分布模型,由于 Green 函数满足底部、自由面与无穷远条件,则有边界积分方程

$$\iint_{S_H} \left[G_F \frac{\partial \varphi(q)}{\partial n_q} - \varphi(q) \frac{\partial G_F}{\partial n_q} \right] dS_q = 2\pi \varphi(p) \tag{4-8}$$

式中,S_H 表示浮体湿表面。

所谓源-偶混合分布,其实是点源-偶极的混合使用。而目前大部分载荷软件(如 Hydrostar、HydroD、Compass-walcs)都采用源分布模型进行速度势的求解。这里先给出源分布的简要推导,即如果在物体内部构造一个流体域,假设存在内部解,在内域满足 Laplace 方程,同时也满足某一种物面条件,那么对于外部流体域内我们所要求解的点,它在我们定义的内部流体域内是没有奇异性的。所以再一次应用 Green 定理,可以得到

$$\iint_{S_H} \left[G_F \frac{\partial \varphi(q)}{\partial n_q} - \varphi(q) \frac{\partial G_F}{\partial n_q} \right] dS_q = 0 \tag{4-9}$$

将式(4-8)和式(4-9)做相减运算,并建立 Laplace 第一类边值问题,即

$$\begin{cases} \nabla^2 \varphi_i = 0 \\ \varphi_i = \varphi \end{cases} \tag{4-10}$$

式中,φ_i 为内部解,可得

$$\varphi(p) = \iint_{S_H} G_F \sigma(q) dS_q \tag{4-11}$$

该式即为源分布模型,其中,源分布密度为

$$\sigma(q) = \frac{1}{4\pi}\left(\frac{\partial \varphi}{\partial n} - \frac{\partial \varphi_i}{\partial n}\right) \tag{4-12}$$

其为未知量。在式(4-11)两端分别取法向导数,可以求得源强,即

$$\frac{\partial \varphi(p)}{\partial n_p} = \frac{\partial}{\partial n_p} \iint_{S_H} G_F \sigma(q) \mathrm{d}S_q \qquad (4-13)$$

式中右端包含奇异项和非奇异项所有项,将求得的源分布密度反代回式(4-11),可以求解扰动速度势。

从源-偶混合分布、源分布的边界积分方程可以看出,源分布法的优点在于可以方便地求解流场速度。源-偶混合分布法求解速度势可以一步到位,因此源-偶混合分布法较源分布法更具物理意义。此外,戴遗山、段文洋[71]给出了圆球的两种方法的分析,在划分相同单元数的条件下,源-偶混合分布法计算的均方根误差百分数比源分布法的小。如果速度势在流场中本身就存在某种奇异性,则采用源分布法会带来较大的误差与不便,这时候我们采用源-偶混合分布法来代替该方法,而且由第3章研究与探讨的Green函数的二阶导数问题可知,源-偶混合分布法不受Green函数的高阶导数数值实现的限制。例如,我们经常用到的物面流体质点速度 x 分量

$$\frac{\partial}{\partial x} \iint_{S_H} \left[G_F \frac{\partial \varphi(q)}{\partial n_q} - \varphi(q) \frac{\partial G_F}{\partial n_q} \right] \mathrm{d}S_q = \frac{\partial}{\partial x} 2\pi \varphi(p) \qquad (4-14)$$

4.3 常值方程组的离散求解

Hess-smith 法是求解水动力学问题最常用的数值方法。对式(4-8)进行数值离散,用平面四边形或者平面三角形来近似模拟浮体表面。其中,需要注意的是,与源分布模型不同,偏导法向量都为 $\boldsymbol{n}_q$。并且认为小范围内的分布点源与偶极为常值,我们将范围缩小至每个单元。将式(4-8)的左右端都在 S_H 湿表面进行离散,即

$$\sum_{i=1}^{Ne} \iint_Q \frac{\partial G_F}{\partial n_q} \varphi(q) \mathrm{d}S_Q = \sum_{i=1}^{Ne} \iint_Q \frac{\partial \varphi(q)}{\partial n_q} G_F \mathrm{d}S_Q \qquad (4-15)$$

式中 Ne——单元数;

Q——小单元的面积。

积分方程实质上变成了一个方阵,可以采用 GMRES 等方法进行求解,从而得到节点速度势。求得速度势后,代入式(4-14),即可求得速度分量。

为了对积分方程式(4-15)与速度势 x 导数式(4-14)进行完整求解,我们需要对 Green 简单源部分与波动项部分做一定处理。

第4章 基于源-偶混合分布模型的常值面元法研究

首先给出简单源部分的戴遗山积分解析解。局部坐标系 $O-\xi\eta\zeta$ 的原点取在四边形形心,坐标平面为四边形所在平面。四边形四个顶点按逆时针排列。四个顶点为 p_i,i 取 $1\sim4$。$p(x,y,z)$ 为场点,$q(\xi,\eta,\zeta)$ 为源点。给出式(4-16)~式(4-22):

$$S_x = \frac{\partial}{\partial x}\iint_Q \frac{1}{r}\mathrm{d}\xi\mathrm{d}\eta - \sum_{i=1}^{4}\frac{\eta_{i+1}-\eta_i}{l_{i,i+1}}\ln\frac{r_i+r_{i+1}+l_{i,i+1}}{r_i+r_{i+1}-l_{i,i+1}} \quad (4-16)$$

$$S_y = \frac{\partial}{\partial y}\iint_Q \frac{1}{r}\mathrm{d}\xi\mathrm{d}\eta = -\sum_{i=1}^{4}\frac{\xi_{i+1}-\xi_i}{l_{i,i+1}}\ln\frac{r_i+r_{i+1}+l_{i,i+1}}{r_i+r_{i+1}-l_{i,i+1}} \quad (4-17)$$

$$S_z = \frac{\partial}{\partial z}\iint_Q \frac{1}{r}\mathrm{d}\xi\mathrm{d}\eta = \sum_{i=1}^{4}\left(\arctan\frac{m_{i,i+1}C_i-h_i}{zr_i} - \arctan\frac{m_{i,i+1}C_{i+1}-h_{i+1}}{zr_{i+1}}\right)$$
$$(4-18)$$

$$D = \iint_Q \frac{\partial}{\partial n_q}\left(\frac{1}{r_{pq}}\right)\mathrm{d}s_q = \iint_Q \frac{\partial}{\partial \xi}\left(\frac{1}{r}\right)\bigg|_{\xi=0}\mathrm{d}s_q = \iint_Q \frac{z}{r^3}\mathrm{d}\xi\mathrm{d}\eta = -S_z \quad (4-19)$$

$$D_x = \frac{\partial}{\partial x}\iint_Q \frac{\partial}{\partial n_q}\left(\frac{1}{r_{pq}}\right)\mathrm{d}s_q = -\sum_{i=1}^{4}\int_{p_ip_{i+1}}\frac{z}{r^3}\mathrm{d}\eta = -2z\sum_{i=1}^{4}\frac{(\eta_{i+1}-\eta_i)(r_i+r_{i+1})}{r_ir_{i+1}[(r_i+r_{i+1})^2-l_{i,i+1}^2]}$$
$$(4-20)$$

$$D_y = \frac{\partial}{\partial y}\iint_Q \frac{\partial}{\partial n_q}\left(\frac{1}{r_{pq}}\right)\mathrm{d}s_q = 2z\sum_{i=1}^{4}\frac{(\xi_{i+1}-\xi_i)(r_i+r_{i+1})}{r_ir_{i+1}[(r_i+r_{i+1})^2-l_{i,i+1}^2]} \quad (4-21)$$

$$\begin{aligned}D_z &= \frac{\partial}{\partial z}\iint_Q \frac{\partial}{\partial n_q}\left(\frac{1}{r_{pq}}\right)\mathrm{d}s_q \\ &= -\frac{\partial^2}{\partial z^2}\iint_Q \frac{1}{r_{pq}}\mathrm{d}\xi\mathrm{d}\eta \\ &= \left(\frac{\partial^2}{\partial x^2}+\frac{\partial^2}{\partial y^2}\right)\iint_Q \frac{1}{r_{pq}}\mathrm{d}\xi\mathrm{d}\eta \\ &= \frac{\partial S_x}{\partial x}+\frac{\partial S_y}{\partial y} \\ &= -2\sum_{i=1}^{4}\frac{[(\xi_{i+1}-\xi_i)(y-\eta_i)-(\eta_{i+1}-\eta_i)(x-\xi_i)](r_i+r_{i+1})}{r_ir_{i+1}[(r_i+r_{i+1})^2-l_{i,i+1}^2]}\end{aligned}$$
$$(4-22)$$

详细理论推导见文献[71]。其中,S_x、S_y、S_z、D_x、D_y、D_z 分别为简单源的导数项,其他参数则是下式的组合。

$$\begin{cases} C_i = (\xi_i - x)^2 + z^2 \\ h_i = (\xi_i - x)(\eta_i - y) \\ m_{i,i+1} = \dfrac{\eta_{i+1} - \eta_i}{\xi_{i+1} - \xi_i} \\ r_i = \sqrt{C_i + (\eta_i - y)^2} \end{cases} \quad (4-23)$$

需要注意的是,式(4-16)~式(4-22)的导数项是在单元局部坐标系下求解的,最后的求解结果需要转换到全局坐标系。对于 Rankine 部分的非奇异数值积分,我们采用两种方法混合的方法:当两个单元靠近时,我们采用上文的戴遗山解析解;当两者远离时,我们采用数值积分。

本章对直角坐标系下的 Green 高阶偏导数波动项,当 X 趋于零,Y 不等于零时的情况进行了简要推导。首先选取域 $D(2X < Y)$ 为目标函数

$$\frac{\partial \widetilde{G}_c}{\partial x} = \left(\frac{x-\xi}{R}\right) k^2 \left\{ \frac{4}{X} \sum_{n=1}^{\infty} \frac{1}{n!(n-1)!} \left(\frac{-X^2}{4}\right)^n \sum_{m=1}^{\infty} \left[\frac{(m-1)!}{Y^m} - e^{-Y} E_i(Y) \right] \right\} \quad (4-24)$$

式中,$\widetilde{G}_c$ 表示 Green 波动项实部。当 $n=1$ 时,该式为零,显而易见,当 $X = kR$ 趋于零,$Y = k|z-\zeta|$ 不为零时,该式无奇异性。将式(3-24)与式(3-25)展开转换得到

$$\begin{aligned}\frac{\partial^2 \widetilde{G}_c}{\partial x \partial \xi} = & -\left\{ \frac{4}{X} \sum_{n=1}^{\infty} \frac{1}{n!(n-1)!} \left(\frac{-X^2}{4}\right)^n \sum_{m=1}^{\infty} \left[\frac{(m-1)!}{Y^m} - e^{-Y} E_i(Y) \right] k^2 \cdot \right. \\ & \frac{1}{R} \left(\frac{y-\eta}{R}\right)^2 + \left(\frac{x-\xi}{R}\right)^2 \frac{4}{X^2} \sum_{n=1}^{\infty} \frac{(2n-1)}{n!(n-1)!} \left(\frac{-X^2}{4}\right)^n \cdot \\ & \left. \left[\sum_{m=1}^{\infty} \frac{(m-1)!}{Y^m} - e^{-Y} E_i(Y) \right] k^3 \right\} \end{aligned} \quad (4-25)$$

将式(4-25)化简得

$$\begin{aligned}\frac{\partial^2 \widetilde{G}_c}{\partial x \partial \xi} = & -\left\{ 4 \sum_{n=1}^{\infty} \frac{1}{n!(n-1)!} \left(\frac{-X^2}{4}\right)^{n-1} \left[\sum_{m=1}^{\infty} \frac{(m-1)!}{Y^m} - e^{-Y} E_i(Y) \right] \cdot \right. \\ & \left. k^3 \left[\left(\frac{y-\eta}{R}\right)^2 + (2n-1) \left(\frac{x-\xi}{R}\right)^2 \right] \right\} \end{aligned} \quad (4-26)$$

n 取最小值,即当 $n=1$ 时,该式可化简为

$$\frac{\partial^2 \widetilde{G}_c}{\partial x \partial \xi} = -\left\{ 4 \left[\sum_{m=1}^{\infty} \frac{(m-1)!}{Y^m} - e^{-Y} E_i(Y) \right] k^3 \right\} \quad (4-27)$$

即当 $X=0, Y \neq 0$ 时,式(4-27)也无奇异性。同理,求 x、η 方向的混合导数,

可得

$$\frac{\partial^2 \widetilde{G}_c}{\partial x \partial \eta} = -\left(\frac{x-\xi}{R}\right)\left(\frac{y-\eta}{R}\right)\left\{k^3 \frac{4}{X^2}\sum_{n=1}^{\infty}\frac{(2n-1)}{n!(n-1)!}\left(\frac{-X^2}{4}\right)^n \cdot\right.$$

$$\left[\sum_{m=1}^{\infty}\frac{(m-1)!}{Y^m} - e^{-Y}E_i(Y)\right] - k^2 \frac{1}{R}\frac{4}{X}\sum_{n=1}^{\infty}\frac{1}{n!(n-1)!} \cdot$$

$$\left.\left(\frac{-X^2}{4}\right)^n \sum_{m=1}^{\infty}\left[\frac{(m-1)!}{Y^m} - e^{-Y}E_i(Y)\right]\right\} \tag{4-28}$$

化简式(4-28)可得

$$\frac{\partial^2 \widetilde{G}_c}{\partial x \partial \eta} = -4\sum_{n=1}^{\infty}\frac{1}{n!(n-1)!}\left(\frac{-X^2}{4}\right)^{n-1}\left[\sum_{m=1}^{\infty}\frac{(m-1)!}{Y^m} - e^{-Y}E_i(Y)\right] \cdot$$

$$\left[-k\left(\frac{x-\xi}{R}\right)\left(\frac{y-\eta}{R}\right)(2n-2)\right] \tag{4-29}$$

当 $n \geq 1, X=0, Y \neq 0$ 时,该式无奇异性。

在上面的推导中我们发现,Green 波动项实部部分当 $X=0, Y \neq 0$ 时,不含奇异性,但在 $X=0, Y=0$ 处奇异,这里我们的做法是当场点与源点距离很近时,对二阶导数项挑拣出简单源类似的项,采用戴遗山解析解进行积分的直接求解。

除了实部的推导之外,本章还给出了虚部二阶偏导数的推导。

$$\frac{\partial^2 \widetilde{G}_s}{\partial x \partial \xi} = -\left\{2\pi k^2 e^{kz} J_1(kR)\frac{1}{R}\left(\frac{y-\eta}{R}\right)^2 + \pi\left(\frac{x-\xi}{R}\right)^2 k^3 e^{kz}[J_0(kR) - J_2(kR)]\right\}$$

$$= -\left\{k^2 \pi e^{kz}\left[2J_1(kR)\frac{1}{R}\left(\frac{y-\eta}{R}\right)^2 + \left(\frac{x-\xi}{R}\right)^2 \frac{2J_1(kR)}{R} - 2kJ_2(kR)\left(\frac{x-\xi}{R}\right)^2\right]\right\}$$

$$= -\left\{2k^2 \pi e^{kz}\left[kJ_1(kR)\frac{1}{kR} - kJ_2(kR)\left(\frac{x-\xi}{R}\right)^2\right]\right\} \tag{4-30}$$

$$\frac{\partial^2 \widetilde{G}_s}{\partial x \partial \eta} = -\left(\frac{x-\xi}{R}\right)\left(\frac{y-\eta}{R}\right)\left\{\pi k^3 e^{kz}[J_0(kR) - J_2(kR)] - 2\pi k^2 e^{kz} J_1(kR)\frac{1}{R}\right\}$$

$$= -\left(\frac{x-\xi}{R}\right)\left(\frac{y-\eta}{R}\right)\left\{\pi k^3 e^{kz}\left[\frac{2J_1(kR)}{kR} - 2J_2(kR)\right] - 2\pi k^2 e^{kz} J_1(kR)\frac{1}{R}\right\}$$

$$= -\left(\frac{x-\xi}{R}\right)\left(\frac{y-\eta}{R}\right)\left[-2J_2(kR)\pi k^3 e^{kz}\right] \tag{4-31}$$

式中, $\widetilde{G}_s$ 表示 Green 波动项虚部。结果表明,当 $R \to 0$ 时,式(4-30)与式(4-31)的极限为定值,因此虚部并无奇异性,处理比较方便。

假设我们求得物面速度势后,相应的附加质量与阻尼系数可以表达成

$$A_{ij} + \frac{B_{ij}}{\mathrm{i}\omega} = \sum_{i=1}^{Ne} \iint\limits_{S_\mathrm{H}} \varphi_j n_i \mathrm{d}S_\mathrm{H} \qquad (4-32)$$

这是无航速的水动力系数表达式,其中,$i,j=1,2,\cdots,6$。

4.4 数值算例

基于以上分析推导,我们编制了基于源－偶混合分布模型的常值面元 Fortran 程序。为了验证程序的准确性,选取简单几何形状物体进行辐射、绕射问题的数值验证。本章编制的源－偶混合分布程序计算结果为 dipole-source,利用源分布程序计算的结果为 source。

4.4.1 无界流的潜球数值计算与分析

首先我们需要验证的是无界流的潜球数值结果。因为潜球的无因次附加质量是解析的,可以作为验证衡准之一,我们取半径为 1 m 的均质圆球,图 4-1 给出其网格划分示意图。

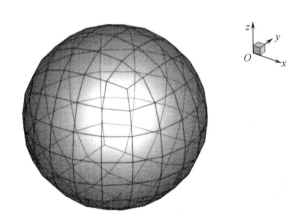

图 4-1 圆球网格划分示意图

潜球无波,我们采用的 Green 函数是 $1/r_{pq}$。经过计算,得到无因次纵荡附加质量 $a_{11}[A_{11}\times 3/(4\pi\rho g a^3)]$ 随网格数增加的变化曲线图(图 4-2)。

其中,Ne 表示网格数,点画线是本章常值源－偶混合分布(dipole-source)计算的随网格数变化的纵荡附加质量,虚线是源分布法(source)求得的随网格数变化的纵荡附加质量,实线是解析解(analytical)0.50。由图可知,源－偶混合分布法程序计算的附加质量与源分布法计算的附加质量都随着网格数的增加而逐渐向解析解趋近,表明了 $1/r_{pq}$ 及其导数积分计算的准确性。

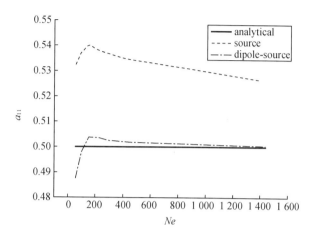

图 4-2　纵荡无因次附加质量 a_{11}

相比而言,在网格数小于 200 时,源-偶混合分布数值结果就已经比源分布结果更加趋近于解析解,网格数增加后源-偶混合分布结果极快地收敛于 0.50;而源分布法结果随网格数收敛较慢,而且精度相对较低。

4.4.2　Hulme 半球的数值计算与分析

Hulme 半球漂浮在水中,其数值计算考虑了自由面效应,而且存在解析的无因次水动力系数。因此我们利用 Hulme 半球来进行 Green 波动项积分及整个常值边界积分方程的辐射问题验证。这里取半径为 10 m 的半球作为计算算例,其网格划分见图 4-3。

图 4-4~图 4-7 给出的是网格数为 750 的半球无因次化的附加质量与阻尼系数随波数变化的趋势图。Ka 为

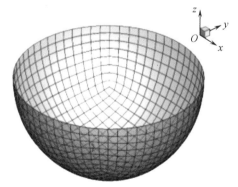

图 4-3　半球网格划分示意图

无因次量,其中,K 为波数,a 为球半径;同潜球计算结果一样,实线表示 Hulme 半球的解析解(analytical)。为保证数据的原始性,这里并没有进行不规则频率的处理。

图 4-4 是 Hulme 半球无因次化的纵荡附加质量 $a_{11}[A_{11}\times 3/(2\pi\rho g a^3)]$ 随波数变化趋势图。随着波数的增加，a_{11} 逐渐增大，在 0.7 附近出现了峰值，随后随着波数的增加而逐渐减小。从图中我们可以看到，源分布结果、混合分布结果与解析解符合良好，个别点源分布精度稍低。

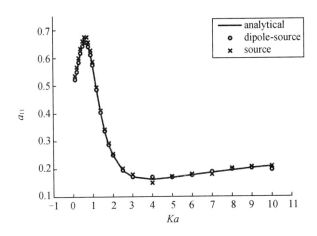

图 4-4　Hulme 半球无因次纵荡附加质量 a_{11} 随波数变化趋势

图 4-5 是 Hulme 半球无因次垂荡附加质量 $a_{33}[A_{33}\times 3/(2\pi\rho g a^3)]$ 随波数变化趋势图。随着波数的增加，a_{33} 逐渐减小，在波数 1.5 附近达到谷值，之后随着波数的增加缓慢增大。总体来看，源-偶混合分布法、源分布法得出的 a_{33} 与解析解吻合良好，源分布计算结果精度稍差。

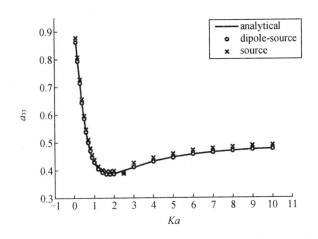

图 4-5　Hulme 半球无因次垂荡附加质量 a_{33} 随波数变化趋势

图 4-6 是 Hulme 半球无因次纵荡阻尼系数 $b_{11}[B_{11}\times3/(2\pi\rho g a^3\omega)]$ 随波数变化趋势图。随着波数的增加，b_{11} 逐渐增大，至 1.5 附近出现峰值，之后逐渐减小。源-偶混合分布计算结果与解析解符合较好，而源分布法计算结果整体较好，个别点计算结果不如源-偶混合分布法，与解析解相对有差距。

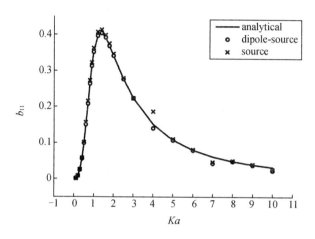

图 4-6　Hulme 半球无因次纵荡阻尼系数 b_{11} 随波数变化趋势

图 4-7 是 Hulme 半球无因次垂荡阻尼系数 $b_{33}[B_{33}\times3/(2\pi\rho g a^3\omega)]$ 随波数变化趋势图。随着波数的增加，b_{33} 逐渐增大，在 0.5 附近出现峰值，随后随波数的增加而逐渐减小。从图中我们可以看出，源-偶混合分布法计算结果依然与解析解几近重合，而源分布计算结果整体也比较好，但个别点精度稍差。

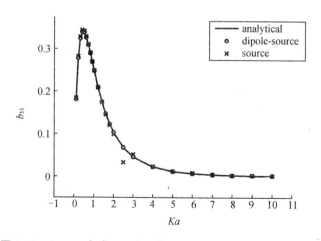

图 4-7　Hulme 半球无因次垂荡阻尼系数 b_{33} 随波数变化趋势

由于半球左右对称,所以水动力系数纵荡分量与横荡分量对称,故而这里只给出附加质量纵荡分量 a_{11}、垂荡分量 a_{33}、阻尼系数纵荡分量 b_{11} 和垂荡分量 b_{33}。总体来说,本章算法所得的结果(dipole-source)与 Hulme 的解析解(analytical)对比基本吻合,表明了本程序计算的正确性。此外,由图中可知,在保持数据原始性的情况下,相同网格数,源-偶混合分布法计算的水动力系数比源分布法计算结果精度高。

4.4.3　圆柱的数值计算与分析

本小节对源-偶混合分布模型下的速度势导数进行验证。考虑到直立圆柱绕射问题的解存在解析解,而且其解与水深、波数有关,经验证,我们采用一个半径 10 m、垂向深度 100 m 的均质圆柱,波数取得不是太小的情况下则已满足

$$\frac{\text{ch}[k_0(z+h)]}{\text{ch}(k_0h)} \approx e^{kz} \tag{4-33}$$

图 4-8 为该直立圆柱的 1 550 常值单元网格示意图。选取相同的入射波,波数取为 1.0,分别利用源-偶混合分布法和源分布法,进行该圆柱绕射势及其 x 偏导数计算。以圆柱物面圆周方向随机选取的 4 个网格中心点作为水平计算点,沿垂向变化。图 4-9～图 4-12 为水平计算点计算结果。

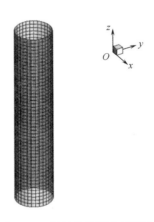

图 4-8　圆柱网格划分示意图

由图 4-9 可知,点 1($x=1.006, y=9.898$)源-偶混合分布法和源分布法采用相同的入射波,得到了相同的入射势实部与虚部。而且该点源-偶混合分布和源分布两种方法得到的绕射势与绕射势 x 偏导数源-偶混合分布法、源分布法的解析解吻合较好。

第4章 基于源-偶混合分布模型的常值面元法研究

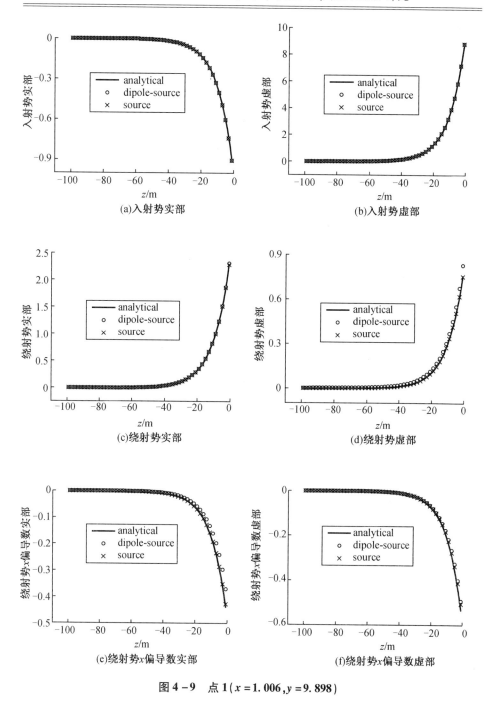

图 4-9　点 1($x=1.006, y=9.898$)

由图 4-10 可知,点 2($x=3.923, y=-9.142$)本书的源-偶混合分布法和源分布法计算的绕射势实部及虚部与解析解吻合良好。此外,源分布法计算得

· 41 ·

到的绕射势 x 偏导数实部与源-偶混合分布法的解析解趋势大体相同,但是值存在一定的误差,相比之下,本书的源-偶混合分布法得到的绕射势 x 偏导数实部精度较好。

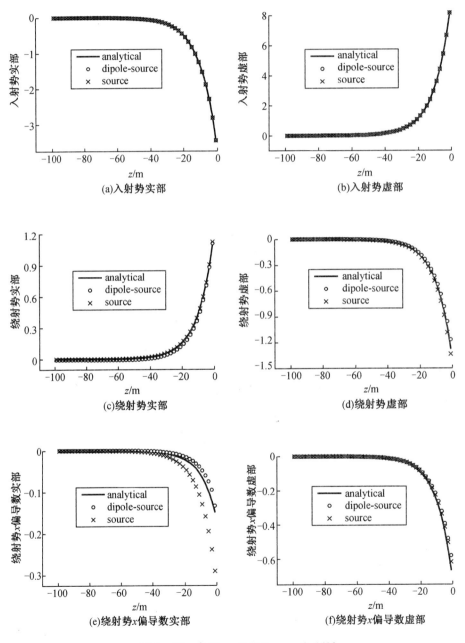

图 4-10 点 2 ($x=3.923, y=-9.142$)

点 3($x=4.828, y=8.699$)源-偶混合分布法与源分布法得到的绕射势结果吻合相当不错,但在求解绕射势 x 偏导数时二者出现了差别。由图 4-11 可知,源-偶混合分布法得到的实部曲线明显更接近解析值。

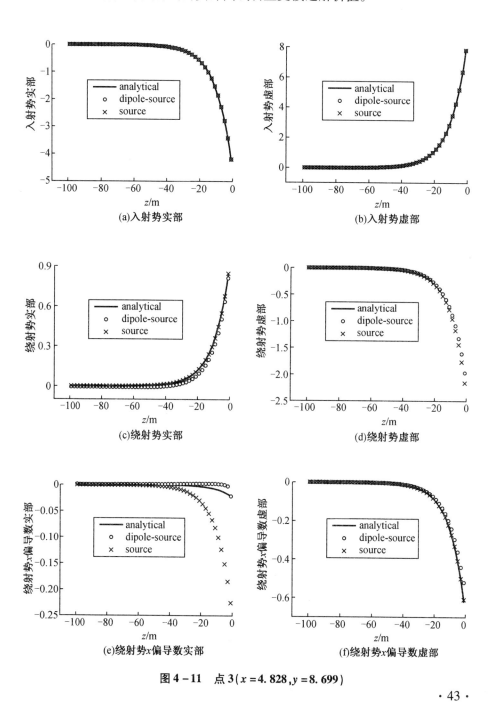

图 4-11　点 3($x=4.828, y=8.699$)

从图4-12中我们可以看到,点4($x=5.683, y=-8.166$)源分布法计算的绕射势x偏导数出现了明显不稳定,即在靠近水面的时候计算得到了与解析解截然相反的结果,相对地,源-偶混合分布法计算结果依然与解析解相近,计算比较稳定。

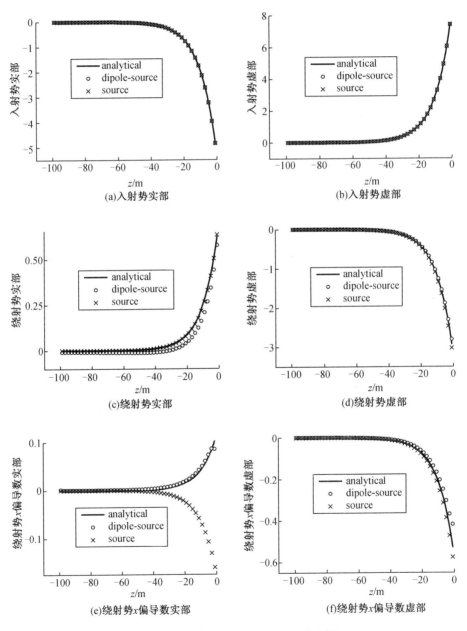

图4-12 点4($x=5.683, y=-8.166$)

总体来看,采用相同的很快收敛于零的入射波,4个点绕射势及其 x 偏导数随着 z 的趋于负无穷而趋于零,而且收敛很快,符合我们的流域基本条件。采用相同的入射势,源－偶混合分布模型和源分布模型得到的值与解析解对比基本吻合良好。个别点源分布模型绕射势 x 偏导数精度略差,而本书采用的源－偶混合分布模型相对求解稳定性更理想一些。因此我们可以认为,本章基于源－偶混合分布模型的常值边界积分方程求解得到的速度势与速度势 x 偏导数是稳定而且可靠的。

4.5 本章小结

本章基于常值面元法的源－偶混合分布模型与源分布模型对简单形状物体的对比计算,数值结果表明源－偶混合分布法计算结果与解析解结果吻合良好,验证了所编制程序的准确性,同时也进一步验证了自由面 Green 函数及其高阶导数数值方法的准确性。此外,源－偶混合分布法的计算精度与稳定性在本章有所验证,体现了源－偶混合分布法的优点。

第5章 基于源–偶混合分布模型的高阶面元法研究

常数元法默认面元上的物理量为常值,即源强在每个单元上为常数,面元内的物理量不具有较好的连接与连续性。高阶面元法因其具有速度势等物理量在面元内连续,能较好地模拟物体表面等优点,也逐渐应用于对波物相互作用问题的求解。本章利用自由面 Green 函数,给出基于源–偶混合分布模型的高阶面元法基本理论与推导,并进行计算求解。

5.1 高阶元边界积分方程的提法

首先,我们在流域内应用 Green 定理,采用自由面 Green 函数,形成相应的只包括物面的源–偶混合分布边界积分方程

$$C\varphi^n(q_0) + \iint_{S_H} \varphi^n \frac{\partial G_F}{\partial n_q} \mathrm{d}s = \iint_{S_H} G_F \frac{\partial \varphi^n}{\partial n_q} \mathrm{d}s \qquad (5-1)$$

式中,C 为固角系数。为了与第 4 章有所区别,这里的单位速度势表述为 φ^n,$n = 1, 2, \cdots, 7$,包含 6 个辐射分量与 1 个绕射势。

浮体湿表面用曲面单元来模拟,单元数为 Ne。本章采用的是八节点单元,单元边界上的点逆时针排列,对曲面单元进行等参变换,如图 5-1 节点等参变换所示。

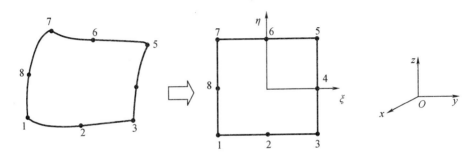

图 5-1　节点等参变换

如此一来，单元上任意位置、速度势及速度势法向导数物理量可以进行如下表达：

$$x = \sum_{j=1}^{8} x_j N_j(\xi, \eta) \qquad (5-2)$$

$$\varphi(\xi, \eta) = \sum_{j=1}^{8} \varphi_j^n N_j(\xi, \eta), n = 1, 2, \cdots, 7 \qquad (5-3)$$

$$\frac{\partial \varphi^n}{\partial n}(\xi, \eta) = \sum_{j=1}^{8} \left(\frac{\partial \varphi^n}{\partial n}\right)_j N_j(\xi, \eta), n = 1, 2, \cdots, 7 \qquad (5-4)$$

式中，$-1 \leqslant \xi \leqslant 1$，$-1 \leqslant \eta \leqslant 1$。$(\xi, \eta)$为参数单元内的局部曲线正交坐标。参数坐标中的$(\xi, \eta)$与$(x, y, z)$相对应。

对于参数坐标，其$\mathrm{d}\boldsymbol{\xi}$、$\mathrm{d}\boldsymbol{\eta}$、$\mathrm{d}\boldsymbol{\zeta}$在直角坐标系中的体积微元为

$$\mathrm{d}V = (\mathrm{d}\boldsymbol{\xi} \times \mathrm{d}\boldsymbol{\eta}) \cdot \mathrm{d}\boldsymbol{\zeta} \qquad (5-5)$$

而$\mathrm{d}\boldsymbol{\xi}$、$\mathrm{d}\boldsymbol{\eta}$、$\mathrm{d}\boldsymbol{\zeta}$可以表示为

$$\begin{cases} \mathrm{d}\boldsymbol{\xi} = \dfrac{\partial x}{\partial \xi}\mathrm{d}\xi \boldsymbol{i} + \dfrac{\partial y}{\partial \xi}\mathrm{d}\xi \boldsymbol{j} + \dfrac{\partial z}{\partial \xi}\mathrm{d}\xi \boldsymbol{k} \\ \mathrm{d}\boldsymbol{\eta} = \dfrac{\partial x}{\partial \eta}\mathrm{d}\eta \boldsymbol{i} + \dfrac{\partial y}{\partial \eta}\mathrm{d}\eta \boldsymbol{j} + \dfrac{\partial z}{\partial \eta}\mathrm{d}\eta \boldsymbol{k} \\ \mathrm{d}\boldsymbol{\zeta} = \dfrac{\partial x}{\partial \zeta}\mathrm{d}\zeta \boldsymbol{i} + \dfrac{\partial y}{\partial \zeta}\mathrm{d}\zeta \boldsymbol{j} + \dfrac{\partial z}{\partial \zeta}\mathrm{d}\zeta \boldsymbol{k} \end{cases} \qquad (5-6)$$

代入式(5-5)，可以得到

$$\mathrm{d}V = \begin{vmatrix} \dfrac{\partial x}{\partial \xi} & \dfrac{\partial y}{\partial \xi} & \dfrac{\partial z}{\partial \xi} \\ \dfrac{\partial x}{\partial \eta} & \dfrac{\partial y}{\partial \eta} & \dfrac{\partial z}{\partial \eta} \\ \dfrac{\partial x}{\partial \zeta} & \dfrac{\partial y}{\partial \zeta} & \dfrac{\partial z}{\partial \zeta} \end{vmatrix} \mathrm{d}\xi \mathrm{d}\eta \mathrm{d}\zeta = |\boldsymbol{Q}| \mathrm{d}\xi \mathrm{d}\eta \mathrm{d}\zeta \qquad (5-7)$$

式中，$\boldsymbol{Q}$为Jacobian矩阵。而面积微元则为

$$\mathrm{d}A = |\mathrm{d}\boldsymbol{\xi} \times \mathrm{d}\boldsymbol{\eta}| = \left|\frac{\partial \boldsymbol{r}}{\partial \xi} \times \frac{\partial \boldsymbol{r}}{\partial \eta}\right| \mathrm{d}\xi \mathrm{d}\eta = |\boldsymbol{J}(\xi, \eta)| \mathrm{d}\xi \mathrm{d}\eta \qquad (5-8)$$

式中，$\boldsymbol{J}(\xi, \eta)$为单元的Jacobian。

固角系数，其物理意义为物体占据流场的体积，即

$$C = \frac{S_\varepsilon}{4\pi \varepsilon^2} \cdot 4\pi = \frac{S_\varepsilon}{\varepsilon^2} \qquad (5-9)$$

式中，S_ε为流域内的物体所占球面面积。其计算可以采用间接法或者直接法求解。间接法应选择不为零且其法向导数为零的φ，且满足

$$C(p)\varphi(p) = \iint_{S_Q} -\varphi(q)\frac{\partial G(p,q)}{\partial n_q}\mathrm{d}S_Q \qquad (5-10)$$

固角系数可以通过下式得到:

$$C(p) = \iint_{S_Q} -\frac{\partial G(p,q)}{\partial n_q}\mathrm{d}S_Q \qquad (5-11)$$

直接法则是根据固角系数物理意义进行直接求解,图 5-2 表示其占据流域的球面示意图,可以表示为

$$S_\varepsilon = \varepsilon^2\left[\sum_{j=1}^N \alpha_j - (N-2)\pi\right] \qquad (5-12)$$

式中, α_j 为流体单元与球面的夹角。角度由式(5-13)确定:

$$\alpha_j = \pi + \mathrm{sgn}[(\boldsymbol{n}_{j-1,j} \times \boldsymbol{n}_{j,j+1}) \cdot \boldsymbol{\tau}_j] \cdot \arccos(\boldsymbol{n}_{j-1,j} \cdot \boldsymbol{n}_{j,j+1}) \qquad (5-13)$$

式中

$$\mathrm{sgn}(x) = \begin{cases} -1, x < 0 \\ 0, x = 0 \\ 1, x > 0 \end{cases} \qquad (5-14)$$

而 $\boldsymbol{\tau}_j$ 为切断单元的单位切向量; $\boldsymbol{n}_j$ 为单位法向量。

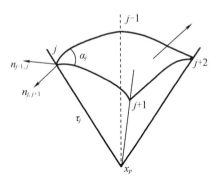

图 5-2 固角系数参数定义示意图

5.2 高阶元方程组的数值求解

单元内的形函数可以表示为

$$\begin{cases} N_1 = \dfrac{1}{4}(1-\xi)(1-\eta)(-1-\xi-\eta) \\ N_2 = \dfrac{1}{2}(1-\eta)(1-\xi^2) \\ N_3 = \dfrac{1}{4}(1+\xi)(1-\eta)(-1+\xi-\eta) \\ N_4 = \dfrac{1}{2}(1-\eta^2)(1+\xi) \\ N_5 = \dfrac{1}{4}(1+\xi)(1+\eta)(-1+\xi+\eta) \\ N_6 = \dfrac{1}{2}(1+\eta)(1-\xi^2) \\ N_7 = \dfrac{1}{4}(1-\xi)(1+\eta)(-1-\xi+\eta) \\ N_8 = \dfrac{1}{2}(1-\eta^2)(1-\xi) \end{cases} \quad (5-15)$$

将式(5-2)~式(5-15)代入式(5-1),有别于以往学者所用的 Rankine 函数,这里我们采用的 G_F 为自由面 Green 函数,因此积分域仅为物面。通过相应的等参变换,可以将式(5-1)离散成

$$C(p)\varphi(p) + \sum_{e=1}^{Ne}\sum_{j=1}^{8}\varphi_j^n \int_{-1}^{1}\int_{-1}^{1} N_j(\xi,\eta)\frac{\partial G_F}{\partial n_q}|\boldsymbol{J}(\xi,\eta)|\mathrm{d}\xi\mathrm{d}\eta$$

$$= \sum_{e=1}^{Ne}\sum_{j=1}^{8}\frac{\partial \varphi_j^n}{\partial n_q}\int_{-1}^{1}\int_{-1}^{1} N_j(\xi,\eta)G_F|\boldsymbol{J}(\xi,\eta)|\mathrm{d}\xi\mathrm{d}\eta \quad (5-16)$$

取点 p 为节点,则得到 $(N_p \times N_p)$ 离散方程组

$$\sum_{k=1}^{Np} H_{ik}\varphi_k^n = \sum_{k=1}^{Np} A_{ik}\left(\frac{\partial \varphi^n}{\partial \boldsymbol{n}}\right)_k, \quad i=1,2,\cdots,N_p, n=1,2,\cdots,7 \quad (5-17)$$

式中

$$\begin{cases} H_{ik} = \sum\limits_{e=1}^{Ne}\sum\limits_{j=1}^{8} \delta_{ks}\hat{H}_{ij}^e + C_i\delta_{ik} \\ A_{ik} = \sum\limits_{e=1}^{Ne}\sum\limits_{j=1}^{8} \delta_{ks}\hat{A}_{ij}^e \end{cases} \quad (5-18)$$

其中，s 为第 e 个单元的第 j 个节点。而其中的系数可以表示为

$$\begin{cases} \hat{H}_{ij}^e = \int_{-1}^{1}\int_{-1}^{1} N_j(\xi,\eta)\,\dfrac{\partial G_F(p,q)}{\partial n_q}\,|\boldsymbol{J}(\xi,\eta)|\,\mathrm{d}\xi\mathrm{d}\eta \\ \hat{A}_{ij}^e = \int_{-1}^{1}\int_{-1}^{1} N_j(\xi,\eta)\,G_F(p,q)\,|\boldsymbol{J}(\xi,\eta)|\,\mathrm{d}\xi\mathrm{d}\eta \end{cases} \quad (5-19)$$

将第 3 章 G_F 的三个分量代入式(5-19)，得

$$\begin{cases} \hat{H}_{ij}^e = \int_{-1}^{1}\int_{-1}^{1} N_j(\xi,\eta)\,\dfrac{\partial[G_r + G_{r'} + \widetilde{G}]}{\partial n_q}\,|\boldsymbol{J}(\xi,\eta)|\,\mathrm{d}\xi\mathrm{d}\eta \\ \hat{A}_{ij}^e = \int_{-1}^{1}\int_{-1}^{1} N_j(\xi,\eta)\,[G_r + G_{r'} + \widetilde{G}]\,|\boldsymbol{J}(\xi,\eta)|\,\mathrm{d}\xi\mathrm{d}\eta \end{cases} \quad (5-20)$$

将式(5-20)逐项拆开得到

$$\begin{cases} \hat{H}_{ij}^e = \hat{H}_{ij1}^e + \hat{H}_{ij2}^e + \hat{H}_{ij3}^e \\ \hat{A}_{ij}^e = \hat{A}_{ij1}^e + \hat{A}_{ij2}^e + \hat{A}_{ij3}^e \end{cases} \quad (5-21)$$

式中，各个影响系数为

$$\begin{cases} \hat{H}_{ij1}^e = \int_{-1}^{1}\int_{-1}^{1} N_j(\xi,\eta)\,\dfrac{\partial}{\partial n_q}G_r\,|\boldsymbol{J}(\xi,\eta)|\,\mathrm{d}\xi\mathrm{d}\eta \\ \hat{H}_{ij2}^e = \int_{-1}^{1}\int_{-1}^{1} N_j(\xi,\eta)\,\dfrac{\partial}{\partial n_q}G_{r'}\,|\boldsymbol{J}(\xi,\eta)|\,\mathrm{d}\xi\mathrm{d}\eta \\ \hat{H}_{ij3}^e = \int_{-1}^{1}\int_{-1}^{1} N_j(\xi,\eta)\,\dfrac{\partial}{\partial n_q}\widetilde{G}\,|\boldsymbol{J}(\xi,\eta)|\,\mathrm{d}\xi\mathrm{d}\eta \end{cases} \quad (5-22)$$

$$\begin{cases} \hat{A}_{ij1}^e = \int_{-1}^{1}\int_{-1}^{1} N_j(\xi,\eta)\,G_r\,|\boldsymbol{J}(\xi,\eta)|\,\mathrm{d}\xi\mathrm{d}\eta \\ \hat{A}_{ij2}^e = \int_{-1}^{1}\int_{-1}^{1} N_j(\xi,\eta)\,G_{r'}\,|\boldsymbol{J}(\xi,\eta)|\,\mathrm{d}\xi\mathrm{d}\eta \\ \hat{A}_{ij3}^e = \int_{-1}^{1}\int_{-1}^{1} N_j(\xi,\eta)\,\widetilde{G}\,|\boldsymbol{J}(\xi,\eta)|\,\mathrm{d}\xi\mathrm{d}\eta \end{cases} \quad (5-23)$$

在等参高阶元边界积分方程问题中，戴遗山解析解并不适用于 $\hat{H}_{ij1}^e$、$\hat{A}_{ij1}^e$ 积分，本书采用 Gauss 积分法进行求解。需要指出的是，当 $1/r \to \infty$ 时，$\hat{H}_{ij1}^e$、$\hat{A}_{ij1}^e$ 积分奇异。去除奇异性的方法有很多，如三角极坐标变换。现将单元进行离散。对于八节点有两种离散方式，一种位于角点，一种位于两角点之间(图 5-3)，然后对离散的三角形进行极坐标变换。

除此之外，还可以通过对单元进行直接细化离散以避过奇异性。图 5-4 为对含 G_r 的奇异积分的处理示意图。依据 Gauss 点将单元划分成 5×5 的小单元，然后在小单元内继续使用 3×3 的 Gauss 数值积分。

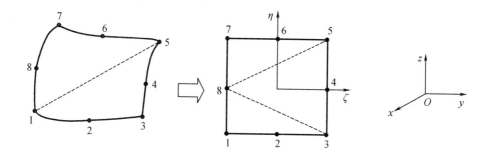

图 5-3 两种节点离散方式

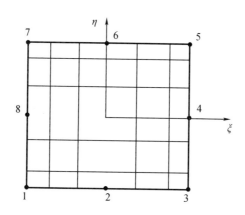

图 5-4 八节点单元内部网格划分

这里我们采用第二种方法,即单元细化的方式减弱奇异性。后文无界流圆球的计算结果也验证了该方法的可行性。

对于镜像点与波动项的四个积分,我们根据单元距离的远近采用不同的 Gauss 点数。为了提高计算精度,我们可以对式(5-17)整体采用 Galerkin 积分,则式(5-17)可以变成

$$\sum_{m=1}^{N_p} HI_{lm}\varphi_m = \sum_{m=1}^{N_p} AI_{lm}\left(\frac{\partial \varphi^n}{\partial \boldsymbol{n}}\right)_m, \quad l=1,2,\cdots,N_p, n=1,2,\cdots,7 \quad (5-24)$$

则影响系数可以表示为

$$\begin{cases} HI_{lm} = \iint\limits_{s_1} N(\xi,\eta) H_{ik} \mathrm{d}\xi \mathrm{d}\eta \\ AI_{lm} = \iint\limits_{s_1} N(\xi,\eta) A_{ik} \mathrm{d}\xi \mathrm{d}\eta \end{cases} \quad (5-25)$$

继续按式(5-18)~式(5-22)离散成线性方程组,然后通过 GMRES 等数值方法进行数值求解。

此外,高阶元在求解物面上的速度势导数时与常值元略有不同,由于速度势在单元内连续,可以通过自身的求导法则进行速度势导数的求解,即

$$\begin{cases} \varphi_\xi = \varphi_x x_\xi + \varphi_y y_\xi + \varphi_z z_\xi \\ \varphi_\eta = \varphi_x x_\eta + \varphi_y y_\eta + \varphi_z z_\eta \\ \varphi_n = \varphi_x x_n + \varphi_y y_n + \varphi_z z_n \end{cases} \quad (5-26)$$

联立形成的方程组

$$\begin{bmatrix} \varphi_\xi \\ \varphi_\eta \\ \varphi_n \end{bmatrix} = \begin{bmatrix} x_\xi & y_\xi & z_\xi \\ x_\eta & y_\eta & z_\eta \\ x_n & y_n & z_n \end{bmatrix} \begin{bmatrix} \varphi_x \\ \varphi_\eta \\ \varphi_n \end{bmatrix} \quad (5-27)$$

即可以方便地进行速度势三个偏导数的一次性求解。

5.3 数值算例

我们采用第 3 章所用的 Green 函数法,利用本章的源-偶混合分布高阶元法,编制了相应的高阶元 Fortran 程序,并在此小节进行数值计算与验证分析,数值算例分别取为潜球、hume 半球与直立圆柱,分别进行无界流辐射问题、存在自由面的辐射问题与存在入射波的绕射问题验证。与上一章不同的是,本章所用的水动力模型均保证单元的二阶导数连续性。

5.3.1 无界流圆球的数值验证

为验证高阶面元法程序 Rankine 源部分积分的准确性与收敛性,我们先采用无界流圆球作纵荡平动时的附加质量解析解进行对比验证程。这里选取半径为 1 m 的均质圆球作为算例。潜球网格划分见图 5-5。

图 5-6 给出了高阶元算法随着节点数的增加纵荡附加质量 $a_{11}[A_{11} \times 3/(4\pi\rho g a^3)]$ 的计算结果,其中实线表示解析解(analytical),虚线表示本章的高阶源-偶混合分布法(HOBEM)计算结果。结果表明,高阶面元法计算结果随着网格数的增加极快地收敛于解析解。而且在网格数相当少的情况下,如网格数低于 50 时,其计算的纵荡附加质量依然值得信赖,证明了高阶元法具有很好的收敛性。

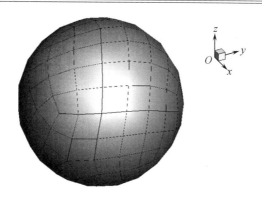

图 5-5 潜球网格划分示意图

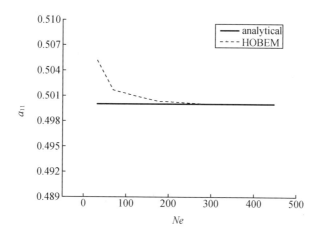

图 5-6 a_{11} 随节点数的变化趋势图

图 5-7 为潜球取 200 个网格时得到的单位纵荡辐射势 φ_1 分布图。其中，图(a)为三维图，图(b)为二维俯视图。结合两个视角图，我们可以看出计算所得的纵荡辐射势关于纵荡方向对称，与理论相符。

5.3.2 Hulme 半球的数值验证

我们采用第 3 章建立的自由面 Green 函数数值算法，建立相应的 6 个高阶元混合分布边界方程，用以求解辐射问题。

本小节我们依然计算一个 Hulme 半球，利用该球来进行 Green 波动项积分及整个辐射问题的验证。我们选取半径为 10 m 的均质漂浮半球。半球湿表面示意图见图 5-8。

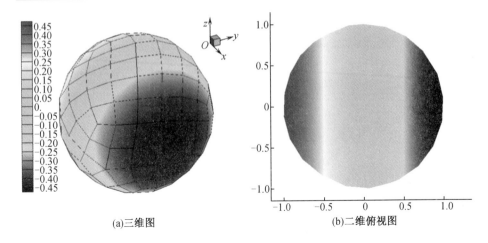

(a) 三维图 (b) 二维俯视图

图 5-7　圆球辐射势 φ_1 分布云图

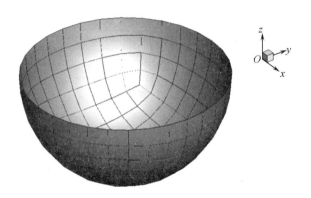

图 5-8　半球湿表面示意图

图 5-9~图 5-12 示出了 192 个网格的水动力系数计算结果，Ka 为无因次化波数，实线表示 Hulme 文献中的解析解结果（analytical），圆圈表示本章高阶元混合分布计算结果（HOBEM）。常值混合分布计算结果（CPBEM）取自第 4 章，网格数为 750，仅作为收敛性的对比参考。

图 5-9 为无因次纵荡附加质量 $a_{11}[A_{11}\times 3/(2\pi\rho g a^3)]$ 随波数变化趋势图。结果表明，在整个计算波数段内，仅 192 个网格的高阶源-偶混合分布法结果已经与解析解对比吻合相当好。

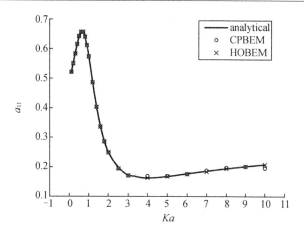

图 5-9　无因次 a_{11} 随波数变化趋势图

图 5-10 示出了高阶元的源-偶混合分布法求解的垂荡附加质量 $a_{33}[A_{33} \times 3/(2\pi\rho g a^3)]$。同样，从图中我们可以看出，与解析解相比，192 个网格的高阶元混合分布计算的垂荡附加质量基本与曲线重合，结果比较理想。

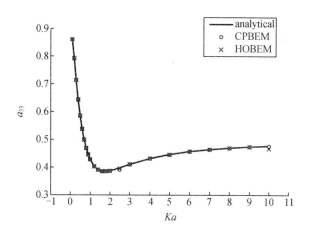

图 5-10　无因次 a_{33} 随波数变化趋势图

图 5-11 为纵荡阻尼系数 $b_{11}[B_{11} \times 3/(2\pi\rho g a^3 \omega)]$ 随波数变化趋势图。结果表明，本章利用 192 个高阶元的混合分布计算的纵荡阻尼系数在整个计算波数范围内精度较高，纵坐标尺度的原因，导致 750 个网格的常值混合分布计算结果在个别波数结果的精度看上去稍微差一点。

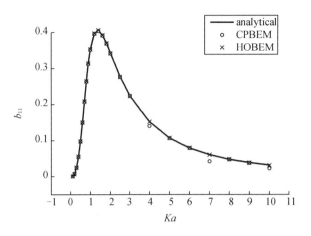

图 5 – 11　无因次 b_{11} 随波数变化趋势图

图 5 – 12 示出了等参高阶元混合分布计算的垂荡阻尼系数 $b_{33}[B_{33}\times 3/(2\pi\rho g a^3\omega)]$ 与解析解的比较结果。从图中可以看出,相对于 750 个常值混合元,192 个高阶混合元在整个计算波数段内计算的垂荡阻尼系数与解析解曲线吻合度比较好。

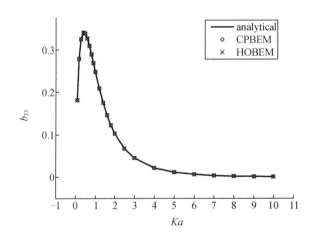

图 5 – 12　无因次 b_{33} 随波数变化趋势图

最后,给出波数为零的球面单位辐射势实部分布。图 5 – 13 为该半球 192 个高阶元网格计算结果图。由图可知,球面上的点纵荡、垂荡与纵摇辐射势关于 x 纵轴对称,横荡、横摇与艏摇辐射势关于 x 纵轴反对称,符合理论分析。此外,由于波数为零时单位辐射势虚部为零,所以这里未给出。

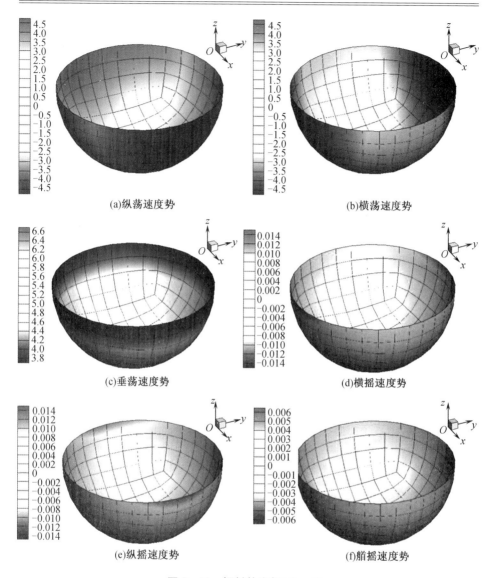

(a) 纵荡速度势　　(b) 横荡速度势

(c) 垂荡速度势　　(d) 横摇速度势

(e) 纵摇速度势　　(f) 艏摇速度势

图 5-13　辐射势实部($Ka=0$)

综上，通过该半球的数值计算，我们验证了高阶源-偶混合分布边界元方程所求解的辐射问题的准确性，而且表明 Green 函数的数值积分是可靠的。

5.3.3　圆柱的数值验证

我们建立第七个高阶元的源-偶混合分布边界积分方程，用以求解绕射势。同第 4 章类似，需要选取一圆柱进行绕射问题的验证，圆柱半径取 10 m。

400个曲面单元网格划分示意图见图5-14。

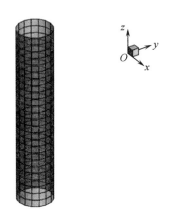

图5-14 圆柱网格单元划分示意图

上一章已经验证了源-偶混合分布法的稳定性,因此本小节在圆柱周向同一水平面只随机取两个单元节点作为水平计算点,沿垂向变化取值。验证高阶元速度势导数的准确性。图5-15-图5-16示出了水平计算点计算结果。

图5-15为点1在相同入射波下,本章的高阶源-偶混合分布法(HOBEM)计算的绕射势及其x导数随z变化趋势图。点1绕射势y偏导数为零,故未列出相关结果图。由图可知,相同入射波下,本章计算的该点绕射势及其x导数与解析解基本吻合。

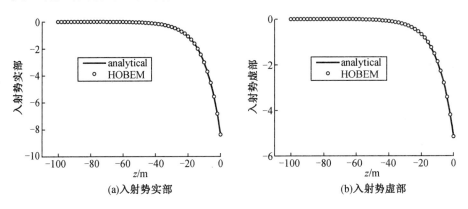

(a)入射势实部   (b)入射势虚部

图5-15 点1($x=-10.000, y=0$)

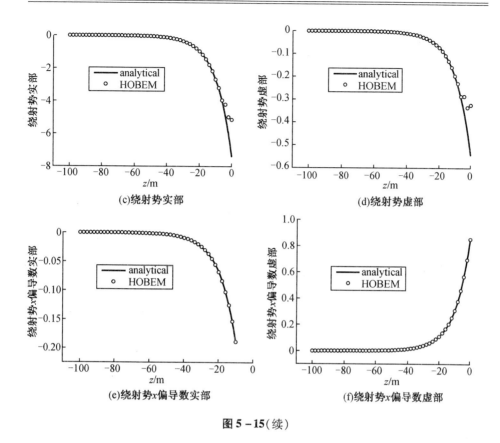

图 5-15(续)

同理,从图 5-16 中可知,相同的入射波,高阶元源-偶混合分布边界积分方程计算的点 2 的绕射势及其 x 偏导数、y 偏导数与解析解吻合良好。

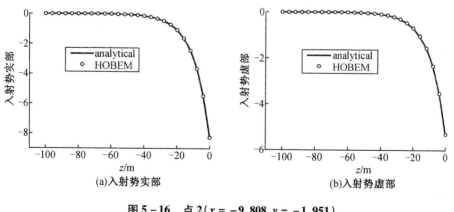

图 5-16 点 $2(x=-9.808, y=-1.951)$

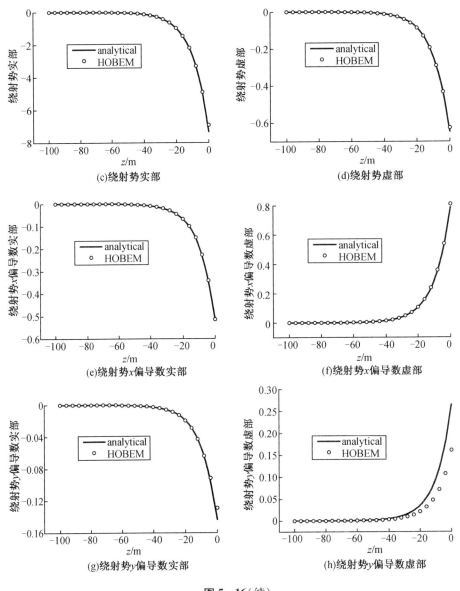

图 5-16(续)

总的来说,利用本章高阶元源-偶混合分布方程计算得到的速度势及偏导数计算结果较为准确,表明了等参高阶元法求解速度势及导数的准确性。此外,点1与点2计算结果随水深的增加收敛至零的速度很快,即该400个单元数的圆柱计算已经基本收敛,相比于第4章的常值元计算,体现了源-偶混合分布的高阶元边界积分方程计算的高收敛性,该性质在这一章每个结果中都得到了较好的验证。

5.4 本章小结

我们采用第 3 章的 Green 函数数值方法,并基于高阶元源 - 偶混合分布基本理论,编制了相应的等参元八节点高阶元水动力计算程序。通过简单几何形状的物体的计算,验证了高阶元混合分布程序对辐射问题、绕射问题的准确求解。此外,算例反映了高阶元计算过程中的网格高收敛性。

第6章 船舶与海洋结构物中的运动及载荷应用

船舶与海洋结构物的运动及漂移力的准确计算对船舶与海洋结构物影响较大,为船舶与海洋结构物的结构分析提供重要的载荷输入。因此,本章应用第3章的自由面Green函数,将基于源-偶混合分布模型的常值面元与高阶面元两种运动及载荷计算方法应用于船舶与海洋结构物。

6.1 规则波下的浮体运动方程

在微幅规则波下,我们假设浮体是在其平衡位置进行微幅并且周期性的摇荡运动。基于浮体是刚体假定,浮体的运动可拆分为6个自由度的微幅运动,即分别为纵荡、横荡、垂荡的位移运动,以及横摇、纵摇和艏摇的转动运动。按上述顺序,运动位移向量可表示为

$$\{\boldsymbol{\eta}(t)\} = \{\boldsymbol{\eta}\}e^{-i\omega t} = \{\eta_1, \eta_2, \eta_3, \eta_4, \eta_5, \eta_6\}^T e^{-i\omega t} \quad (6-1)$$

式中,η各分量都为复数。

根据刚体动力学,浮体的微幅运动方程可表示为

$$[M]\{\ddot{\boldsymbol{\eta}}(t)\} = \{\boldsymbol{F}(t)\} \quad (6-2)$$

式中,M为质量矩阵;$F(t)$为力矩阵。

6.1.1 质量矩阵与恢复力矩阵

通过动量变化率,我们得到惯性力

$$\boldsymbol{F} = \frac{\mathrm{d}}{\mathrm{d}t}\iiint_{v_H} \rho_H(\boldsymbol{u} + \boldsymbol{\omega} \times \boldsymbol{r})\mathrm{d}v \quad (6-3)$$

式中,ρ_H为浮体密度。

对速度做分解

$$\boldsymbol{u} + \boldsymbol{\omega} \times \boldsymbol{r} = \sum_{j=1}^{6} u_j \boldsymbol{b}_j \quad (6-4)$$

第6章 船舶与海洋结构物中的运动及载荷应用

式中,$\boldsymbol{u}=(u_1,u_2,u_3)$;$\boldsymbol{\omega}=(u_4,u_5,u_6)$;$\boldsymbol{b}_1=\boldsymbol{i}$;$\boldsymbol{b}_2=\boldsymbol{j}$;$\boldsymbol{b}_3=\boldsymbol{k}$;$\boldsymbol{b}_4=\boldsymbol{i}\times\boldsymbol{r}$;$\boldsymbol{b}_5=\boldsymbol{j}\times\boldsymbol{r}$;$\boldsymbol{b}_6=\boldsymbol{k}\times\boldsymbol{r}$。这样我们将式(6-3)化为

$$\boldsymbol{F}=\sum_{i=1}^{6}\dot{u}_i\iiint_{v_H}\rho_H\boldsymbol{b}_i\mathrm{d}v+\sum_{i=1}^{6}u_i\boldsymbol{\omega}\times\iiint_{v_H}\rho_H\boldsymbol{b}_i\mathrm{d}v \tag{6-5}$$

令

$$M_{ji}=\iiint_{v_H}\rho_H\boldsymbol{b}_i\cdot\boldsymbol{b}_j\mathrm{d}v \tag{6-6}$$

并且令

$$\begin{cases} m=\iiint_{v_H}\rho_H\mathrm{d}v \\ x_G=\dfrac{1}{m}\iiint_{v_H}\rho_H x\mathrm{d}v \\ y_G=\dfrac{1}{m}\iiint_{v_H}\rho_H y\mathrm{d}v \\ z_G=\dfrac{1}{m}\iiint_{v_H}\rho_H z\mathrm{d}v \\ I_{ij}=\iiint_{v_H}\rho_H[(x^2+y^2+z^2)\delta_{ij}-x_ix_j]\mathrm{d}v,i,j=1,3 \end{cases} \tag{6-7}$$

式中,$x_1=x,x_2=y,x_3=z$,因此我们得到质量矩阵

$$\boldsymbol{M}=\begin{pmatrix} m & 0 & 0 & 0 & mz_G & -my_G \\ 0 & m & 0 & -mz_G & 0 & mx_G \\ 0 & 0 & m & my_G & -mx_G & 0 \\ 0 & -mz_G & my_G & I_{11} & I_{12} & I_{13} \\ mz_G & 0 & -mx_G & I_{21} & I_{22} & I_{23} \\ -my_G & mx_G & 0 & I_{31} & I_{32} & I_{33} \end{pmatrix} \tag{6-8}$$

式中,m 为浮体质量;I 为惯性矩;x_G、y_G、z_G 为浮体重心坐标。

流体载荷 $\boldsymbol{F}(t)$ 可分为流体静力载荷以及流体动力载荷,即

$$\{\boldsymbol{F}(t)\}=\{\boldsymbol{F}^S(t)\}+\{\boldsymbol{F}^D(t)\} \tag{6-9}$$

流体静力载荷是由船舶运动所产生的静水压力变化引起的,根据船舶静力学可知

$$\{\boldsymbol{F}^S(t)\}=-\boldsymbol{C}\{\boldsymbol{\eta}(t)\} \tag{6-10}$$

由于浮体关于 x 轴对称,流体静力系数 C 矩阵可简化表示为

$$C = \begin{pmatrix} 0 & 0 & 0 & 0 & 0 & 0 \\ 0 & 0 & 0 & 0 & 0 & 0 \\ 0 & 0 & \rho g A_w & 0 & -\rho g S_y & 0 \\ 0 & 0 & 0 & \rho g \Delta h_x & 0 & 0 \\ 0 & 0 & -\rho g S_y & 0 & \rho g \Delta h_y & 0 \\ 0 & 0 & 0 & 0 & 0 & 0 \end{pmatrix} \quad (6-11)$$

式中,A_w 为船舶水线面面积;S_y 为船舶水线面积对 y 轴的静距;Δ 为船舶排水体积;h_x 与 h_y 分别为船舶的横稳心高与纵稳心高。

6.1.2 三维流体动力载荷

将流体动力载荷分解成入射力、绕射力与辐射力三部分,即

$$\{\boldsymbol{F}^D(t)\} = \{\boldsymbol{F}_I^D(t)\} + \{\boldsymbol{F}_D^D(t)\} + \{\boldsymbol{F}_R^D(t)\} \quad (6-12)$$

$\{\boldsymbol{F}_I^D(t)\}$ 即为波浪主干扰力,其求解应为

$$\{\boldsymbol{F}_I^D(t)\} = \iint_{S_H} p_I(x,y,z)\boldsymbol{n} dS \cdot e^{-i\omega t} \quad (6-13)$$

取入射势为如下表达式:

$$\Phi_I = \mathrm{Re}(\varphi_I e^{-i\omega t}) \quad (6-14)$$

$$\varphi_I = \frac{gA}{i\omega}\exp[k(z+ix\cos\beta+iy\sin\beta)] = \frac{gA}{i\omega}\exp\{k[z+iR\cos(\beta-\theta)]\}$$
$$(6-15)$$

式中,A 为波幅;ω 为自然频率;R 为水平距离;β 为浪相角;θ 为两水平坐标之间的夹角。

则 $p_I(x,y,z)$ 已知,即

$$p_I(x,y,z) = \rho g A \cdot e^{kz} \cdot e^{ik_0(x\cos\beta+y\sin\beta)} \quad (6-16)$$

同理,波浪绕射力 $\{\boldsymbol{F}_D^D(t)\}$ 为

$$\{\boldsymbol{F}_D^D(t)\} = \iint_{S_H} p_D(x,y,z)\boldsymbol{n} dS \cdot e^{-i\omega t} \quad (6-17)$$

波浪主干扰力和绕射力叠加成波浪干扰力,即

$$\{\boldsymbol{f}(t)\} = \{\boldsymbol{F}_I^D(t)\} + \{\boldsymbol{F}_D^D(t)\} \quad (6-18)$$

同理,辐射力可表示为

$$\{\boldsymbol{F}_R^D(t)\} = \iint_S p_R(x,y,z)\boldsymbol{n} dS \cdot e^{-i\omega t} \quad (6-19)$$

事实上,辐射力与船舶运动有关,而运动是未知量,即

$$\{F_R^D(t)\} = -A\{\ddot{\eta}(t)\} - B\{\dot{\eta}(t)\} \qquad (6-20)$$

式中,A 为附加质量矩阵;B 为阻尼系数矩阵。

6.1.3 运动方程

将式(6-8)~式(6-20)代入运动方程,可得

$$\{M+A\}\{\ddot{\eta}(t)\} + B\{\dot{\eta}(t)\} + C\{\eta(t)\} = \{f(t)\} = \{f\}e^{-i\omega t} \qquad (6-21)$$

通过该运动方程,即可方便求解浮体六自由度的运动。

6.2 定常漂移力

近场的压力积分推导比较简单,压力积分展开至二阶,提取定常项,这里我们仅给出近场公式的定常漂移力 $F^{(2)}$、$M^{(2)}$ 的表达式:

$$F^{(2)} = \frac{1}{2}\rho g \int_{WL} n[\zeta - (\xi_3 + \alpha_1 y - \alpha_2 x)]^2 (1-n_z^2)^{-\frac{1}{2}}dl - $$
$$\rho \iint_{S_b} n\left[\frac{1}{2}\nabla\varphi \cdot \nabla\varphi + (\xi + \alpha \times x) \cdot \nabla\varphi_t\right]dS + \alpha \times F^{(1)} - $$
$$\rho g A_w \left[\alpha_1 \alpha_3 x_f + \alpha_2 \alpha_3 y_f + \frac{1}{2}(\alpha_1^2 + \alpha_2^2)Z_0\right]k \qquad (6-22)$$

$$M^{(2)} = \frac{1}{2}\rho g \int_{WL} (x \times n)[\zeta - (\xi_3 + \alpha_1 y - \alpha_2 x)]^2 (1-n_z^2)^{\frac{1}{2}}dl - $$
$$\rho \iint_{S_b} (x \times n)\left[\frac{1}{2}\nabla\varphi \cdot \nabla\varphi + (\xi + \alpha \times x) \cdot \nabla\varphi\right]dS - \rho\alpha \times $$
$$\iint_{S_b} (x \times n)\varphi_t dS + \xi \times F^{(1)} + \rho g\left\{-A_w\left[\xi_3\alpha_3 x_f + \frac{1}{2}(\alpha_1^2 + \alpha_2^2)Z_0 y_f\right] - \right.$$
$$2\alpha_1\alpha_3 L_{12} + \alpha_2\alpha_3(L_{11} - L_{22}) + \Delta\left[\alpha_1\alpha_2 x_b - \frac{1}{2}(\alpha_1^2 + \alpha_3^2)y_b\right]\right\}i + $$
$$\rho g\left\{-A_w\left[\xi_3\alpha_3 y_f - \frac{1}{2}(\alpha_1^2 + \alpha_2^2)Z_0 x_f\right] + 2\alpha_2\alpha_3 L_{12} + \right.$$
$$\alpha_1\alpha_3(L_{11} - L_{22}) + V\frac{1}{2}(\alpha_2^2 + \alpha_3^2)x_b\right\}j + \rho g[A_w\xi_3(\alpha_1 x_f + \alpha_2 y_f) + $$
$$(\alpha_1^2 - \alpha_2^2)L_{12} + \alpha_1\alpha_2(L_{22} - L_{11})]k \qquad (6-23)$$

$$F^{(1)} = -\rho\iint_{S_b} n\phi_t dS - \rho g A_w(\xi_3 + \alpha_1 y_f - \alpha_2 x_f)k \qquad (6-24)$$

式中,$\boldsymbol{\xi} = (\xi_1,\xi_2,\xi_3)$为浮体的三个平动运动模态,而$\boldsymbol{\alpha} = (\alpha_1,\alpha_2,\alpha_3)$为浮体的三个转动运动模态;$Z_0$为浮体平衡中心距自由面的垂向坐标;而$\zeta$为波面升高,而且是一阶的;$x_f$、$y_f$为漂心坐标,$x_b$、$y_b$、$z_b$为浮心坐标;$L_{ij}$为水线面惯性矩;$F^{(1)}$为一阶力。

第二类为远场公式,其由动量变化率演化而来。仍取一由自由面S_F、物面S_H、底部S_B与无限远的圆柱面S_∞组成的流体域τ,则流体域τ中的流体动量为

$$M(t) = \rho \iiint_\tau V \mathrm{d}\tau \tag{6-25}$$

式中,$V = \nabla \Phi$。

动量时间变化率为

$$\begin{aligned}\frac{\mathrm{d}M(t)}{\mathrm{d}t} &= \rho\iiint_\tau \frac{\partial V}{\partial t}\mathrm{d}\tau + \rho\iint_{S_\tau} V U_n \mathrm{d}S_\tau \\ &= -\iint_{S_\tau}[(p+\rho g z)n + \rho V(V_n - U_n)]\mathrm{d}S_\tau \\ &= -\iint_{S_\tau}[(p+\rho g z)n + \rho V(n\cdot\nabla\Phi - U_n)]\mathrm{d}S_\tau\end{aligned} \tag{6-26}$$

式中,第一项对水平力无贡献。物面所受水动力可以表述为

$$F(t) = \iint_{S_H} p n \mathrm{d}S_H \tag{6-27}$$

此外,物面满足

$$V_n - U_n = 0 \tag{6-28}$$

自由面压力为零,且$V_n = U_n$,则自由面积分为零。底部$V_n = 0$,$U_n = 0$。圆柱面固定,有$V_n = V_R$,$U_n = 0$。则式(6-26)水平力可以表述为

$$F_i = -\frac{\mathrm{d}M}{\mathrm{d}t} - \iint_{S_\infty}(p\boldsymbol{n} + \rho V_i V_R)\mathrm{d}S, \quad i = 1,2 \tag{6-29}$$

式中,V_R为流体质点在圆柱面的径向速度。对式(6-29)取波浪完整周期,再取平均,则式(6-29)表示为

$$\overline{F_i} = -\overline{\iint_{S_\infty}(p\boldsymbol{n} + \rho V_i V_R)\mathrm{d}S}, \quad i = 1,2 \tag{6-30}$$

同理,动量力矩亦可采用类似的做法。综上,水平漂移力(矩)可以表达成

$$F_x = -\iint_{S_\infty}[p\cos\theta + \rho V_R(V_R\cos\theta - V_\theta\sin\theta)]R\mathrm{d}\theta\mathrm{d}z \tag{6-31}$$

$$F_y = -\iint_{S_\infty}[p\sin\theta + \rho V_R(V_R\sin\theta + V_\theta\sin\theta)]R\mathrm{d}\theta\mathrm{d}z \tag{6-32}$$

$$M_z = \rho \iint_{S_\infty} V_R V_\theta R^2 \mathrm{d}\theta \mathrm{d}z \tag{6-33}$$

而压力表达式

$$p = -\rho \frac{\partial \Phi}{\partial t} - \frac{1}{2}\rho |\nabla \Phi|^2 - \rho gy = -\rho \mathrm{Re}(-\mathrm{i}\omega\varphi e^{-\mathrm{i}\omega t}) - \frac{1}{2}\rho |\nabla \Phi|^2 - \rho gz \tag{6-34}$$

$$\begin{cases} V_R = \mathrm{Re}\left(\dfrac{\partial \varphi}{\partial R} e^{-\mathrm{i}\omega t}\right) \\ V_\theta = \mathrm{Re}\left(\dfrac{1}{R}\dfrac{\partial \varphi}{\partial \theta} e^{-\mathrm{i}\omega t}\right) \\ V_z = \mathrm{Re}\left(\dfrac{\partial \varphi}{\partial z} e^{-\mathrm{i}\omega t}\right) \end{cases} \tag{6-35}$$

$$\Phi = \Phi_\mathrm{I} + \Phi_\mathrm{B} = \mathrm{Re}[(\varphi_\mathrm{I} + \varphi_\mathrm{B}) e^{-\mathrm{i}\omega t}] \tag{6-36}$$

则式(6-31)~式(6-33)可以表示为

$$F_x = -\frac{\rho k^2}{8\pi} \int_0^{2\pi} |H(\theta)|^2 \cos\theta \mathrm{d}\theta + \frac{1}{4}\rho\omega A \left(\frac{kR}{2\pi}\right)^{\frac{1}{2}} \mathrm{Im}\left(\int_0^{2\pi} (\cos\beta + \cos\theta) H(\theta) \times \right.$$
$$\left. \exp\left\{\frac{\mathrm{i}\pi}{4} + \mathrm{i}kR[1-\cos(\beta-\theta)]\right\} \mathrm{d}\theta \right) + O(R^{-\frac{1}{2}}) \tag{6-37}$$

$$F_y = -\frac{\rho k^2}{8\pi} \int_0^{2\pi} |H(\theta)|^2 \sin\theta \mathrm{d}\theta + \frac{1}{4}\rho\omega A \left(\frac{kR}{2\pi}\right)^{\frac{1}{2}} \mathrm{Im}\left(\int_0^{2\pi} (\sin\beta + \sin\theta) H(\theta) \times \right.$$
$$\left. \exp\left\{\frac{\mathrm{i}\pi}{4} + \mathrm{i}kR[1-\cos(\beta-\theta)]\right\} \mathrm{d}\theta \right) + O(R^{-\frac{1}{2}}) \tag{6-38}$$

$$M_z = \frac{\rho k^2}{8\pi} \mathrm{Im}\int_0^{2\pi} H^*(\theta) H'(\theta) \mathrm{d}\theta - \frac{\rho g A}{4\omega}\left(\frac{kR}{2\pi}\right)^{\frac{1}{2}} \mathrm{Re}\left(\int_0^{2\pi} [1+\cos(\beta-\theta)] H'(\theta) \times \right.$$
$$\left. \exp\left\{\frac{\mathrm{i}\pi}{4} + \mathrm{i}kR[1-\cos(\beta-\theta)]\right\} \mathrm{d}\theta \right) + O(R^{-\frac{1}{2}}) \tag{6-39}$$

用锁相(stationary phase)法,当 $R \to \infty$ 时,有

$$\int_0^{2\pi} f(\theta) \exp[-\mathrm{i}kR\cos(\beta-\theta) \mathrm{d}\theta]$$
$$= \left(\frac{2\pi}{kR}\right)^{\frac{1}{2}} [f(\beta) e^{-\mathrm{i}kR + \frac{\mathrm{i}\pi}{4}} + f(\beta+\pi)] + O(kR)^{-\frac{3}{2}} \tag{6-40}$$

则式(6-37)~式(6-39)可以化简为

$$F_x = -\frac{\rho k^2}{8\pi} \int_0^{2\pi} |H(\theta)|^2 \cos\theta \mathrm{d}\theta + \frac{1}{2}\rho\omega A\cos\beta \mathrm{Re}[H(\beta)] \tag{6-41}$$

$$F_y = -\frac{\rho k^2}{8\pi} \int_0^{2\pi} |H(\theta)|^2 \sin\theta \mathrm{d}\theta + \frac{1}{2}\rho\omega A\sin\beta \mathrm{Re}[H(\beta)] \tag{6-42}$$

$$M_z = \frac{\rho k}{8\pi}\text{Im}\Big[\int_0^{2\pi} H^*(\theta)H'(\theta)\mathrm{d}\theta\Big] + \frac{1}{2k}\rho\omega A\text{Im}[H'(\beta)] \quad (6-43)$$

式中,$H(\theta)$ 为 kochin 函数,其表达式为

$$H(\theta) = \iint_{S_H}\Big(\frac{\partial\varphi_B}{\partial n} - \varphi_B\frac{\partial}{\partial n}\Big)\exp(kz - ikx\cos\theta - iky\sin\theta)\mathrm{d}S \quad (6-44)$$

而 $H^*(\theta)$ 为 $H(\theta)$ 的共轭,$H'(\theta)|_{\theta=\beta}$。

由于本书研究的浮体都为单体,比较而言,远场公式虽然推导稍显烦琐,但是形式简单,无须在水线上作积分,而且结果稳定,因此本章利用源-偶混合分布,采用远场积分来求解浮体受到的平均漂移力。

6.3 数值算例

我们采用本书的两种频域源-偶混合分布法求得的速度势等物理量,编制了两种方法下的运动与漂移力计算程序。先对两类 Wigley 船型进行运动数值验证,然后对球体进行漂移力的验证,最后以一艘 FPSO 作为计算实例,进行该船的水动力及运动、漂移力的计算与分析。

6.3.1 两类 Wigley 船型运动数值验证

两类 Wigley 船型由下式确定:

$$\begin{cases}\eta = (1-\zeta^2)(1-\xi^2)(1+a_2\xi^2+a_4\xi^4)+\alpha\zeta^2(1-\zeta^8)(1-\zeta^2)^4\\ \xi = \frac{2x}{L}, \eta = \frac{2y}{B}, \zeta = \frac{z}{d}\end{cases} \quad (6-45)$$

式中,L 为垂线间长;B 为型宽;d 为吃水。Ⅲ型、Ⅳ型参数为

$$\begin{cases}a_2 = 0.2\\ a_4 = 0\\ \alpha = 0\end{cases} \quad (6-46)$$

Ⅲ型船体细长,Ⅳ型船体肥大,图 6-1 与图 6-2 为两类 Wigley 船型的网格划分示意图。其中,常值元采用 360 个网格。由第 5 章得到的结论,本章高阶元法计算时采用相近网格数的节点数,高阶元采用 360 个节点。

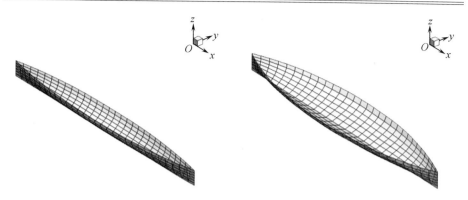

图6-1 Wigley Ⅲ型网格划分示意图　　图6-2 Wigley Ⅳ型网格划分示意图

采用第4章的常值与第5章的高阶源-偶混合分布法,对 Wigley 船进行运动的数值计算,与荷兰代夫特理工大学所测实验值进行比较分析。为保持一致性,对下列量进行无因次化:

$$\lambda'' = \lambda/L, \quad \eta_3'' = \frac{\eta_3}{\zeta_a}, \quad \eta_5'' = \frac{\eta_5 L}{2\pi\zeta_a} \quad (6-47)$$

式中,λ 为波长;L 为垂线间长;ζ_a 为波幅;a' 为无因次波长;η_3'' 为无因次垂荡;η_5'' 是无因次纵摇。

图6-3为 Wigley Ⅲ型 0°无因次垂荡计算结果。其中 CPBEM 为第4章的常值源-偶混合分布计算结果,HOBEM 为第5章的等参高阶元计算结果。由图可知,两种方法计算结果与实验值离散点基本相近,只在0.6附近有个别点与实验值稍有偏差。

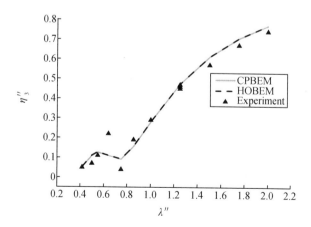

图6-3 Wigley Ⅲ型 0°无因次垂荡

图 6-4 为 Wigley Ⅲ 型 0°无因次纵摇计算结果。由图可知,本书采用的常值源-偶混合分布(CPBEM)与高阶元源-偶混合分布(HOBEM)计算的纵摇与实验值整体相吻合,在 $\lambda''=0.5$ 附近的个别点实验值有跳点。

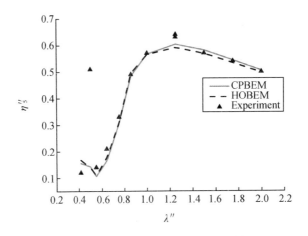

图 6-4　Wigley Ⅲ 型 0°无因次纵摇

图 6-5 为 Wigley Ⅳ 型 0°无因次垂荡结果。整体而言,源-偶混合分布计算结果与实验值吻合良好,在 $\lambda''=0.5$ 附近与实验值有偏差。

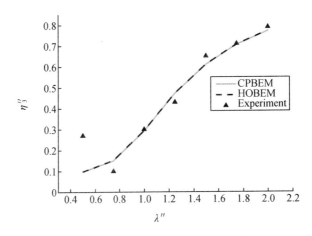

图 6-5　Wigley Ⅳ 型 0°无因次垂荡

图 6-6 为 Wigley Ⅳ 型 0°无因次纵摇随无因次波长变化趋势图。整体而言,数值结果与实验值吻合较好,在 $\lambda''=0.5$ 与 $\lambda''=1.5$ 附近与实验值有一定偏差。

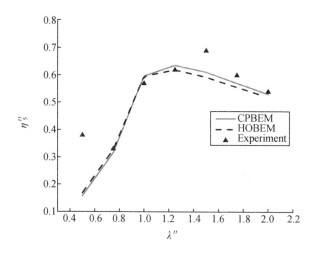

图6-6 Wigley Ⅳ型 0°无因次纵摇

总体来说,常值混合分布与高阶混合分布计算的两类 Wigley 船型运动与实验值吻合良好,证明了两种混合分布运动计算的可靠性。

6.3.2 球体漂移力数值验证

远场公式较近场公式形式简单,并且不用在水线上作积分,因此,本章采用远场公式进行漂移力计算。本小节选择漂浮在水中的球进行纵荡漂移力的试算,对其进行常值单元与高阶元的网格划分如图6-7所示。

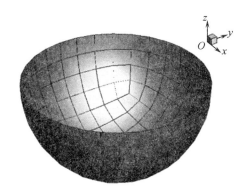

图6-7 球体湿表面示意图

图6-8示出了漂浮球体的顺浪无因次纵荡漂移力。其中,横坐标 λ'' 为无

因次波长,定义见式(6-47),纵坐标 $F''_x = F_x/(\rho g R A^2)$。定义第 4 章常值混合元方法计算结果为 CPBEM,第 5 章高阶混合元方法计算结果为 HOBEM。由图可知,本书两种方法计算的纵荡漂移力与解析解对比较好,验证了漂移力计算程序的准确性。

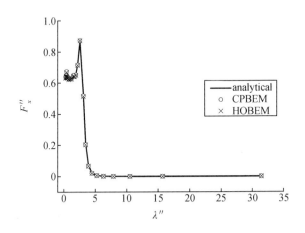

图 6-8　无因次纵荡漂移力

6.3.3　FPSO 实例数值计算与分析

我们取一 FPSO 作为计算实例,进行该船的水动力计算分析。首先给出该船舶的主尺度参数,见表 6-1。FPSO 湿表面示意图见图 6-9,其中间有一段平行中体。常值取 1 500 网格数,高阶元取相近节点数。

表 6-1　船舶主尺度简表

主参数	数值
船长 L/m	300
型宽 B/m	50
吃水 d/m	25
排水量 Δ/kg	150 807 524.3
重心距基线位置$(x_G, y_G, z_G)/\text{m}$	(115.394, 0, 12.8)

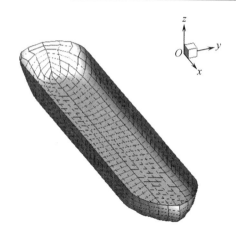

图 6-9　FPSO 湿表面示意图

1. FPSO 水动力系数

分别采用基于源-偶混合分布的第 4 章常值法与第 5 章高阶元法,进行该 FPSO 的水动力系数的数值计算。由于进行的是实船计算,因此下面给出的计算结果均为有量纲量。此外,为保持数据的原始性,并没有进行消除不规则频率的处理。

图 6-10(a)为纵荡附加质量随自然频率变化趋势图。由图可知,在整个计算频率段,纵荡附加质量随自然频率的增加而减小,但在 0.3 rad/s 之前 A_{11} 随频率递增,在 0.3 rad/s 附近出现峰值,之后才逐渐缓慢减小。

图 6-10(b)为横荡附加质量随自然频率变化趋势图。与纵荡方向不同的是,横荡附加质量在整个自然频率段的峰值出现在 0.4 rad/s 附近,且其峰值大于纵荡峰值,其变化曲线较纵荡曲线更为光顺。

图 6-10(c)中,我们可以看到垂荡附加质量在 0.1 rad/s 附近出现峰值,且其值大于纵荡与横荡两个方向上的附加质量,之后随频率递减。

图 6-10(d)~图 6-10(f)为横摇、纵摇与艏摇附加质量随自然频率变化趋势图。图中,三个角度的附加质量变化规律类似,都在 0.4 rad/s 附近出现了峰值。其中,纵摇附加质量峰值最大。

由图 6-10 可知,总体来看,基于源-偶混合分布的常值源-偶混合分布计算结果(CPBEM)与等参高阶元计算结果(HOBEM)除横摇方向略有差距之外,其他对比吻合良好,体现了两种方法计算的一致性。此外,在图中我们也发现了一些频率出现波动值,如图 6-10(e)中 1.0 rad/s 处的小波动,这是因为计算频率落入了不规律频率段,其解决方法有很多,如扩展的边界积分方程法等。

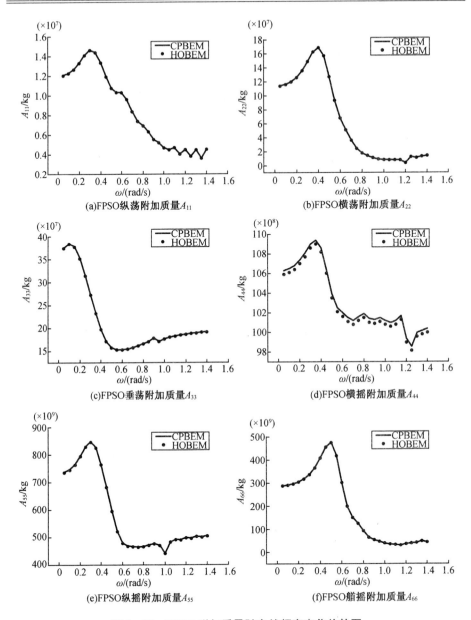

图 6-10　FPSO 附加质量随自然频率变化趋势图

图 6-11(a)~图 6-11(c)分别为纵荡、横荡与垂荡阻尼系数随自然频率变化趋势图。由图可知,纵荡阻尼系数峰值出现在 0.9 rad/s 附近;横荡阻尼系数峰值出现在 0.7 rad/s 附近;垂荡阻尼系数峰值则相对比较靠前,出现在 0.4 rad/s 附近。这三个分量之中,横荡与垂荡阻尼系数值在同一数量级上,横

荡方向的略大一些。

从图 6-11(d)~图 6-11(f)中,我们可以看到三个角度方向的阻尼系数都在 0.6 rad/s 附近出现峰值,其中艏摇峰值出现得最晚,并且其值高于其他两个角度方向的值。

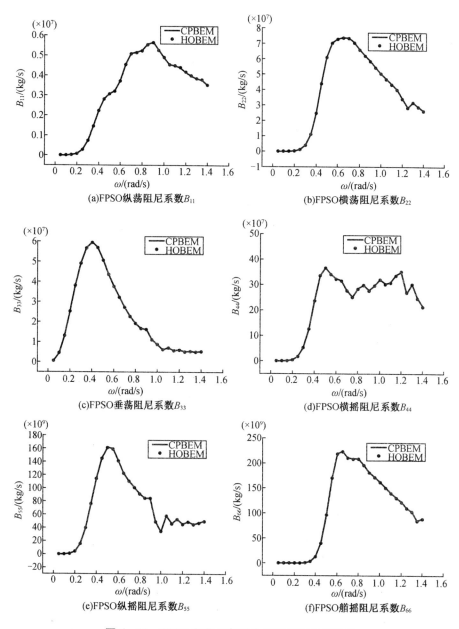

图 6-11　FPSO 阻尼系数随自然频率变化趋势图

整体来看,阻尼系数随自然频率的增加由零逐渐增大,出现峰值后随频率的递增而递减,而 CPBEM 与 HOBEM 对比良好。

2. FPSO 运动频域模拟

对该 FPSO 进行 0°~180°,间隔 30°的浪向设定,得到了单位波幅下的六自由度运动,即两种混合分布方法计算的结果 CPBEM 与 HOBEM。

图 6-12(a)为 7 个浪相角下的纵荡运动随自然频率变化趋势图。随着频率的增大,纵荡逐渐减小,趋近于零。图中,0°与 180°,30°与 150°,60°与 120°的纵荡基本重合。0°与 180°纵荡最大,符合波传播过来时 FPSO 的运动特性。与此相呼应的是,图 6-12(b)中横浪下的横荡幅值达到了最大。由图 6-12(c)可知,该 FPSO 在 0.6 rad/s 附近垂荡出现了峰值,其中 90°浪向下的值最大,约为 1.8 m。

图 6-12(d)~图 6-12(f)分别为运动横摇角、纵摇角与艏摇角。其中,在 0.5 rad/s 附近,我们比较关心的横摇角在横浪下出现峰值,其值约为 0.21 rad,即 12°左右。而纵摇角的峰值则在 60°浪向下 0.6 rad/s 附近出现,其值约 0.02 rad,远小于横摇角。艏摇角也在类似条件下出现峰值,其值远小于横摇角与纵摇角。

该 FPSO 在规则波下的运动结果比较理想(如我们一般比较关注的垂荡与横摇,结果比较好),表明该 FPSO 性能良好。此外,两种混合分布法计算的运动结果很相近。

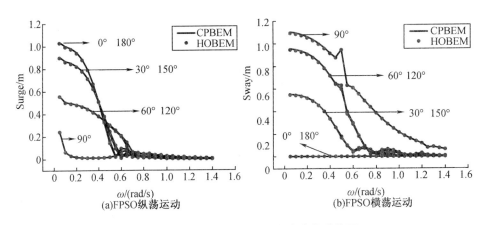

图 6-12 FPSO 运动随自然频率变化趋势图

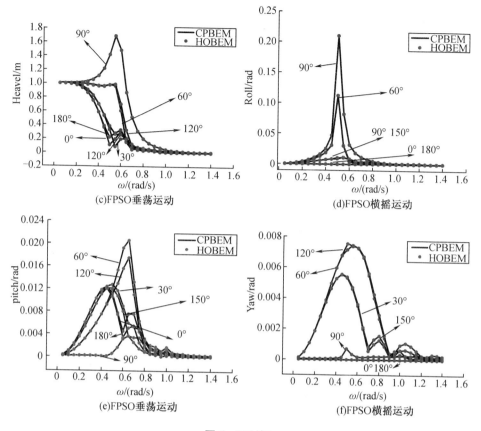

图 6-12(续)

3. FPSO 漂移力

我们对该 FPSO 进行了 7 个浪向水平定常漂移力的计算与研究。图 6-13 表示浪相角为 0°~180°的纵荡漂移力随自然频率变化趋势图。本书中两种方法求解的纵荡漂移力计算结果相近。从图中我们可以看到,在 0 rad/s 至低频 0.4 rad/s 区间段内,纵荡漂移力很小,几近为零;之后纵荡漂移力逐渐增加,在频率 0.7 rad/s 附近,纵荡漂移力绝对值达到一个峰值,其中 60°所得值最大,约为 2.2×10^5 N,90°方向值最小;之后随着频率的增加,绝对值均趋于平缓。此外,0°与 180°、30°与 150°、60°与 120°所得纵荡漂移力结果,分别列于坐标轴两侧,表明浪向影响纵荡漂移力的正负号。

图 6-14 为 0°~180°的横荡漂移力随自然频率变化趋势图。在小于 0.4 rad/s 频率段内,横荡漂移力非常小;之后随频率的增加而逐渐增大,在 0.6 rad/s 附近达到最大值,90°时出现极值,约为 1.1×10^6 N;频率大于 0.6 rad/s 之后,横荡漂

移力随着频率的增加变化缓慢。由图可知,0°与180°,30°与150°,60°与120°三对浪相角所得的纵荡漂移力结果基本相近,都为正值。此外,浪相角为0°时,横荡漂移力为零。

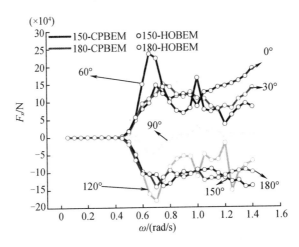

图 6-13　FPSO 纵荡漂移力随自然频率变化趋势图

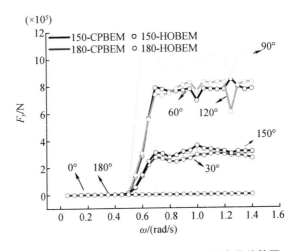

图 6-14　FPSO 横摇漂移力随自然频率变化趋势图

图 6-15 为 0°~180°艏摇漂移力矩。由图可知,在自然频率小于 0.3 rad/s 时,艏摇漂移力矩较小;随着频率的增加,艏摇漂移力矩在 0.4~0.8 rad/s 范围内出现了多个峰值,其中,60°与 120°的峰值最大,约为 1.5×10^7 N·m;自然频率大于 1.0 rad/s 后,艏摇漂移力矩变化逐渐趋于缓慢。而 0°艏摇力矩为零。

我们计算比较二阶定常漂移力一阶波浪干扰力所得的量级。图 6-16 给出二阶水平定常漂移力最大值与所在浪向下的一阶干扰力的比值。可以看出，纵荡漂移力与纵荡波浪干扰力对应频率的最大比值为 10^{-1} 量级，达到了 0.7；横荡漂移力与横荡波浪干扰力对应频率的最大比值为 10^{-2} 量级，艏摇漂移力矩与艏摇波浪干扰力对应频率的最大比值为 10^{-2} 量级；后两项漂移力（矩）比值较小，因此该 FPSO 在系泊系统操作时要格外注意纵荡漂移力。

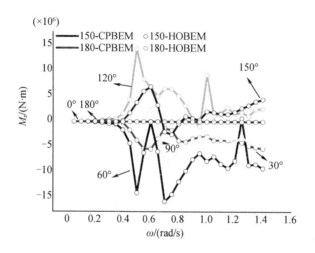

图 6-15 FPSO 艏摇漂移力随自然频率变化趋势图

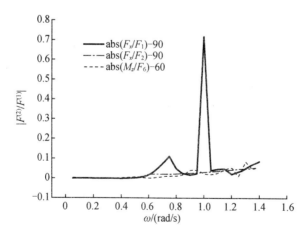

图 6-16 定常力与对应浪向一阶波浪力比值绝对值

4. FPSO 压力场模拟

由于本书采用的常值元与等参高阶元源-偶混合分布计算程序精度都比较理想,这里我们取后者对 FPSO 湿表面压力进行计算模拟。图 6-17 给出了该 FPSO 自然频率为 0.5 rad/s 时,本书编制的高阶源-偶混合分布计算程序计算所得的湿表面压力分布图。其中,图 6-17(a)为静压力图,图 6-17(b)为一阶入射压力图,而图 6-17(c)与图 6-17(d)分别为一阶辐射压力与一阶绕射压力图。图 6-17(d)与图 6-17(f)分别为考虑了一阶辐射势与绕射势梯度平方项的非线性作用的总辐射压力与总绕射压力图。从图中可以看出,考虑了梯度平方项的 FPSO 的辐射压力与绕射压力相比于一阶项总体上有变化,但影响不大,不过在局部几何形状比较复杂的结构上影响较大。

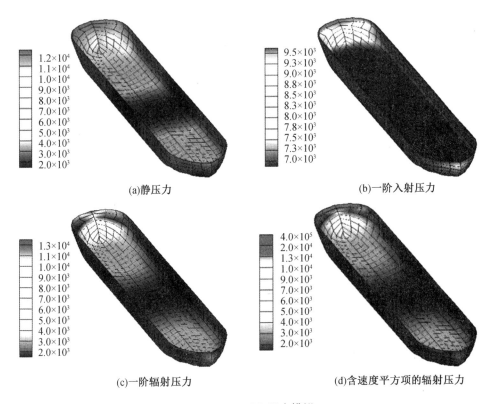

图 6-17 FPSO 压力模拟

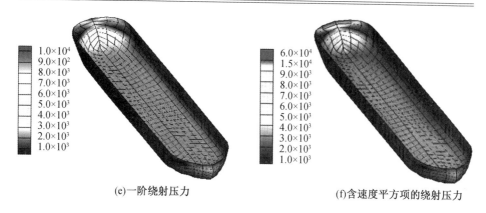

(e) 一阶绕射压力　　　　　　　　(f) 含速度平方项的绕射压力

图 6-17(续)

6.4　本章小结

本章利用本书的常值与高阶元源-偶混合分布法,分别进行了两类 wigley 船型的运动与球体的漂移力验证。此外,本章对一艘 FPSO 实例进行了规则波下的水动力系数、运动、漂移力压力计算分析,表明本书两种频域源-偶混合分布法求解的工程实用性。

结　　论

　　基于三维势流理论,本书采用自由面 Green 函数法,进行了基于源-偶混合分布模型的海洋结构物水动力及载荷计算方法研究,并得出如下几点结论:

　　1. 本书探讨了频域自由面 Green 函数的数值算法,即在定义区间利用双重 Chebyshev 逼近三维无限水深频域 Green 函数本身及高阶导数,并进行了相应的程序实现。其验证结果表明,采用 Chebyshev 级数逼近得到的 Green 函数通式及其高阶导数结果至少达 5 位精度,满足工程上的精度要求。

　　2. 本书给出了周庆标计算点的 Green 函数通式二阶偏导数计算结果,为今后从事自由面 Green 函数高阶导数数值计算研究的学者提供了参考计算值。

　　3. 基于第 3 章的自由面 Green 函数,建立了基于源-偶混合分布模型常值面元边界积分方程,并进行了 Fortran 程序的实现。其对简单形状物体计算的数值结果表明源-偶混合分布、源分布结果与解析解吻合良好,验证了 Green 函数及其高阶导数以及该速度势求解程序的准确性,此外,在直立圆柱绕射问题的计算结果中,源-偶混合分布显示了其优良的稳定性。

　　4. 采用第 3 章的自由面 Green 函数数值方法,进行了基于源-偶混合分布的高阶面元法研究,并编制了相应的计算程序。通过简单几何形状的物体数值验证计算,验证了程序的准确性。在半球的数值计算中,高阶元算法体现了其较高的收敛性。对于同一个浮体,很少的网格节点数的计算精度至少与同等网格数的常值面元法计算精度相当。在直立圆柱的计算中,高阶元计算结果与解析解吻合程度很好。

　　5. 采用源-偶混合分布法求解速度势后,进行了运动与漂移力的程序编制。通过两类 Wigley 船型的运动数值结果与实验值的比较,验证了本书运动计算的准确性。通过简单几何形状物体的漂移力计算,验证了本书漂移力计算程序的可靠性。

　　6. 本书对一艘海洋结构物算例船舶 FPSO 进行了水动力系数、运动及慢漂力的 0°~180°浪向计算与分析,数值结果表明,通过两种源-偶混合分布模型计算求解的速度势等物理量得到的后续的水动力系数、运动与漂移力趋势相近。该 FPSO 运动性能较好。纵荡漂移力最大值所在浪向为一阶纵荡波浪干扰力对应频率的10^{-1}量级,工程实际操作中需要认真对待。此外,局部几何形状复杂的结构中,一阶势的速度平方项形成的非线性压力对结构作用力较大。

在研究过程中,著者对本书的研究内容也有进一步的展望,本书所做的工作是基础性的基于源-偶混合分布模型的水动力及载荷研究,目前还处在一阶线性范围内。实际上,本课题的研究结果对二阶水动力及载荷的研究颇具预见性,因此希望将来能将本书研究内容应用于高阶水动力的研究。

附录 A 本书计算的部分区间 Chebyshev 系数

附录 A1 Green 函数实部 Chebyshev 展开系数

表 A1 区间 $2 \leqslant x \leqslant 3, 3 \leqslant y \leqslant 4$

N	M					
	0	1	2	3	4	5
0	0.270 905	-0.019 095	-0.000 372	0.000 097	-0.000 007	0
1	-0.028 465	0.006 281	-0.000 227	-0.000 012	0.000 002	0
2	0.001 089	-0.000 524	0.000 046	-0.000 001	0	0
3	-0.000 024	0.000 028	-0.000 004	0	0	0
4	0	-0.000 001	0	0	0	0
5	0	0	0	0	0	0

表 A2 区间 $3 \leqslant x \leqslant 3.75, 2 \leqslant y \leqslant 3$

N	M					
	0	1	2	3	4	5
0	0.239 347	-0.000 888	-0.001 995	0.000 171	-0.000 008	0
1	-0.021 056	0.001 996	0.000 203	-0.000 029	0.000 001	0
2	0.000 834	-0.000 192	-0.000 004	0.000 002	0	0
3	-0.000 030	0.000 012	0	0	0	0
4	0.000 001	-0.000 001	0	0	0	0
5	0	0	0	0	0	0

附录 A 本书计算的部分区间 Chebyshev 系数

表 A3 区间 $5 \leqslant x \leqslant 7.5, 4 \leqslant y \leqslant 5.333$

N	M					
	0	1	2	3	4	5
0	0.136 908	−0.005 364	−0.000 238	0.000 030	−0.000 002	0
1	−0.020 343	0.002 542	0.000 005	−0.000 009	0.000 001	0
2	0.001 284	−0.000 344	0.000 010	0.000 001	0	0
3	−0.000 064	0.000 035	−0.000 002	0	0	0
4	0.000 002	−0.000 003	0	0	0	0
5	0	0	0	0	0	0

表 A4 区间 $7.5 \leqslant x \leqslant 12, 5.333 \leqslant y \leqslant 8$

N	M					
	0	1	2	3	4	5
0	0.089 387	−0.005 312	−0.000 129	0.000 031	−0.000 003	0
1	−0.015 477	0.002 714	−0.000 029	−0.000 013	0.000 001	0
2	0.001 136	−0.000 424	0.000 021	0.000 002	0	0
3	−0.000 065	0.000 050	−0.000 005	0	0	0
4	0.000 002	−0.000 005	0.000 001	0	0	0
5	0	0	0	0	0	0

表 A5 区间 $22 \leqslant x \leqslant 33, 13 \leqslant y \leqslant 21$

N	M					
	0	1	2	3	4	5
0	0.031 695	−0.002 085	−0.000 024	0.000 007	0	0
1	−0.004 754	0.000 915	−0.000 017	−0.000 004	0	0
2	0.000 300	−0.000 124	0.000 008	0	0	0
3	−0.000 014	0.000 013	−0.000 002	0	0	0
4	0	−0.000 001	0	0	0	0
5	0	0	0	0	0	0

附录 A2　Green 函数实部 X 偏导数 Chebyshev 展开系数

表 A6　区间 $2 \leqslant x \leqslant 3, 3 \leqslant y \leqslant 4$

N	M					
	0	1	2	3	4	5
0	0.057 073	-0.012 731	0.000 481	0.000 022	-0.000 004	0
1	-0.008 710	0.004 209	-0.000 372	0.000 011	0.000 001	0
2	0.000 287	-0.000 339	0.000 054	-0.000 004	0	0
3	0.000 003	0.000 015	-0.000 004	0.000 001	0	0
4	0	0	0	0	0	0
5	0	0	0	0	0	0

表 A7　区间 $3 \leqslant x \leqslant 3.75, 2 \leqslant y \leqslant 3$

N	M					
	0	1	2	3	4	5
0	0.056 386	-0.005 423	-0.000 538	0.000 077	-0.000 004	0
1	-0.008 918	0.002 057	0.000 043	-0.000 022	0.000 002	0
2	0.000 475	-0.000 200	0.000 006	0.000 002	0	0
3	-0.000 020	0.000 014	-0.000 001	0	0	0
4	0.000 001	-0.000 001	0	0	0	0
5	0	0	0	0	0	0

表 A8　区间 $5 \leqslant x \leqslant 7.5, 4 \leqslant y \leqslant 5.333$

N	M					
	0	1	2	3	4	5
0	0.016 428	-0.002 117	0.000 002	0.000 007	-0.000 001	0
1	-0.004 119	0.001 119	-0.000 036	-0.000 003	0	0
2	0.000 306	-0.000 167	0.000 012	0	0	0
3	-0.000 011	0.000 017	-0.000 002	0	0	0

附录 A 本书计算的部分区间 Chebyshev 系数

表 A8(续)

N	M					
	0	1	2	3	4	5
4	−0.000 001	−0.000 001	0	0	0	0
5	0	0	0	0	0	0

表 A9 区间 $7.5 \leqslant x \leqslant 12, 5.333 \leqslant y \leqslant 8$

N	M					
	0	1	2	3	4	5
0	0.006 965	−0.001 273	0.000 020	0.000 006	−0.000 001	0
1	−0.002 026	0.000 771	−0.000 041	−0.000 003	0.000 001	0
2	0.000 172	−0.000 135	0.000 014	0	0	0
3	−0.000 006	0.000 016	−0.000 003	0	0	0
4	−0.000 001	−0.000 001	0	0	0	0
5	0	0	0	0	0	0

表 A10 区间 $22 \leqslant x \leqslant 33, 13 \leqslant y \leqslant 21$

N	M					
	0	1	2	3	4	5
0	0.000 872	−0.000 173	0.000 004	0.000 001	0	0
1	−0.000 219	0.000 092	−0.000 006	0	0	0
2	0.000 016	−0.000 014	0.000 002	0	0	0
3	0	0.000 001	0	0	0	0
4	0	0	0	0	0	0
5	0	0	0	0	0	0

附录 A3 Green 函数实部二阶 X 偏导数 Chebyshev 展开系数

表 A11 区间 $2 \leqslant x \leqslant 3, 3 \leqslant y \leqslant 4$

N	M					
	0	1	2	3	4	5
0	-0.017 405	0.008 506	-0.000 770	0.000 025	0.000 002	0
1	0.002 293	-0.002 716	0.000 433	-0.000 034	0.000 001	0
2	0.000 030	0.000 176	-0.000 052	0.000 007	-0.000 001	0
3	-0.000 004	-0.000 003	0.000 003	-0.000 001	0	0
4	-0.000 002	0	0	0	0	0
5	0.000 001	0	0	0	0	0

表 A12 区间 $3 \leqslant x \leqslant 3.75, 2 \leqslant y \leqslant 3$

N	M					
	0	1	2	3	4	5
0	-0.023 940	0.005 595	0.000 104	-0.000 058	0.000 005	0
1	0.005 078	-0.002 147	0.000 072	0.000018	-0.000 002	0
2	-0.000 318	0.000 221	-0.000 019	-0.000 001	0	0
3	0.000 014	-0.000 016	0.000 002	0	0	0
4	0	0.000 001	0	0	0	0
5	0	0	0	0	0	0

表 A13 区间 $5 \leqslant x \leqslant 7.5, 4 \leqslant y \leqslant 5.333$

N	M					
	0	1	2	3	4	5
0	-0.003 321	0.000 937	-0.000 034	-0.000 002	0	0
1	0.000 974	-0.000 543	0.000 040	0	0	0
2	-0.000 052	0.000 084	-0.000 011	0	0	0
3	-0.000 005	-0.000 008	0.000 002	0	0	0

表 A13(续)

N	M					
	0	1	2	3	4	5
4	0.000 001	0	0	0	0	0
5	0	0	0	0	0	0

表 A14 区间 $7.5 \leqslant x \leqslant 12, 5.333 \leqslant y \leqslant 8$

N	M					
	0	1	2	3	4	5
0	-0.000 908	0.000 364	-0.000 022	-0.000 001	0	0
1	0.000 302	-0.000 244	0.000 027	0	0	0
2	-0.000 015	0.000 044	-0.000 008	0	0	0
3	-0.000 003	-0.000 005	0.000 002	0	0	0
4	0.000 001	0	0	0	0	0
5	0	0	0	0	0	0

表 A15 区间 $22 \leqslant x \leqslant 33, 13 \leqslant y \leqslant 21$

N	M					
	0	1	2	3	4	5
0	-0.000 040	0.000 017	-0.000 001	0	0	0
1	0.000 011	-0.000 010	0.000 001	0	0	0
2	0	0.000 002	0	0	0	0
3	0	0	0	0	0	0
4	0	0	0	0	0	0
5	0	0	0	0	0	0

附录 B 本书计算点 Green 及高阶导数

附录 B1 计算点的 Green 函数实部

表 B1 周庆标计算点 $F(X,Y)$ 计算结果

X	Y	$F(\text{Zhou})$	$F(\text{mine})$	ESP. F
0.1	0.1	2.508 077 81	2.508 077 742	6.8×10^{-8}
0.1	0.5	-0.579 258 39	-0.579 258 427	3.7×10^{-8}
0.1	1	-1.400 834 91	-1.400 834 919	9.0×10^{-9}
0.1	5	-0.541 378 79	-0.541 378 696	9.4×10^{-8}
0.1	10	-0.226 278 3	-0.226 278 307	7.0×10^{-9}
0.1	20	-0.105 594 11	-0.105 594 101	9.0×10^{-9}
0.5	0.1	0.005 554 35	0.005 554 311	3.9×10^{-8}
0.5	0.5	-1.109 086 84	-1.109 086 866	2.6×10^{-8}
0.5	1	-1.540 845 04	-1.540 845 065	2.5×10^{-8}
0.5	5	-0.537 697 05	-0.537 696 956	9.4×10^{-8}
0.5	10	-0.225 901 73	-0.225 901 729	1.0×10^{-9}
0.5	20	-0.105 558 39	-0.105 558 385	5.0×10^{-9}
1	0.1	-2.057 364 14	-2.057 362 26	1.9×10^{-6}
1	0.5	-2.005 492 94	-2.005 491 54	1.4×10^{-6}
1	1	-1.840 022 3	-1.840 021 223	1.1×10^{-6}
1	5	-0.526 319 33	-0.526 319 251	7.9×10^{-8}
1	10	-0.224 737 46	-0.224 737 463	3.0×10^{-9}
1	20	-0.105 447 02	-0.105 447 013	7.0×10^{-9}
5	0.1	1.365 442 14	1.365 442 251	1.1×10^{-7}
5	0.5	0.783 703 65	0.783 703 722	7.2×10^{-8}

表 B1（续）

X	Y	F(Zhou)	F(mine)	ESP. F
5	1	0.319 848 05	0.319 848 099	4.9×10^{-8}
5	5	-0.298 608 42	-0.298 607 127	1.3×10^{-6}
5	10	-0.195 446 43	-0.195 445 092	1.3×10^{-6}
5	20	-0.102 062 54	-0.102 062 542	2.0×10^{-9}
10	0.1	-0.514 829 20	-0.514 829 202	2.0×10^{-9}
10	0.5	-0.410 999 65	-0.410 999 647	3.0×10^{-9}
10	1	-0.327 737 17	-0.327 737 166	4.0×10^{-9}
10	5	-0.187 468 41	-0.187 469 740	1.3×10^{-6}
10	10	-0.148 763 46	-0.148 763 427	3.3×10^{-8}
10	20	-0.093 293 46	-0.093 293 837	3.8×10^{-7}
20	0.1	-0.455 906 71	-0.455 906 699	1.1×10^{-8}
20	0.5	-0.338 566 82	-0.338 566 806	1.4×10^{-8}
20	1	-0.244 667 90	-0.244 667 892	8.0×10^{-9}
20	5	-0.100 600 90	-0.100 600 899	1.0×10^{-9}
20	10	-0.091 155 25	-0.091 157 011	1.8×10^{-6}
20	20	-0.072 518 07	-0.072 518 248	1.8×10^{-7}

附录 B2　计算点的 Green 函数实部 X 偏导数

表 B2　周庆标计算点 F_X 计算结果

X	Y	F_X(Zhou)	F_X(mine)	ESP. F_X
0.1	0.1	-6.821 542 27	-6.821 542 294	2.4×10^{-8}
0.1	0.5	-0.558 166 16	-0.558 166 375	2.2×10^{-7}
0.1	1	-0.129 127 58	-0.129 127 863	2.8×10^{-7}
0.1	5	0.003 075 98	0.003 075 979	1.0×10^{-9}
0.1	10	0.000 314 63	0.000 314 634	4.0×10^{-9}
0.1	20	0.000 029 78	0.000 029 778	2.0×10^{-9}
0.5	0.1	-5.098 066 92	-5.098 066 953	3.3×10^{-8}

表 B2(续)

X	Y	F_X(Zhou)	F_X(mine)	ESP. F_X
0.5	0.5	−1.787 056 78	−1.787 056 808	2.8×10^{-8}
0.5	1	−0.526 880 98	−0.526 880 998	1.8×10^{-8}
0.5	5	0.015 300 80	0.015 300 773	2.7×10^{-8}
0.5	10	0.001 564 99	0.001 564 993	3.0×10^{-9}
0.5	20	0.000 148 74	0.000 148 737	3.0×10^{-9}
1	0.1	−3.276 876 45	−3.276 876 420	3.0×10^{-8}
1	0.5	−1.629 511 79	−1.629 512 038	2.5×10^{-7}
1	1	−0.591 170 18	−0.591 170 710	5.3×10^{-7}
1	5	0.030 070 81	0.030 070 769	4.1×10^{-8}
1	10	0.003 079 61	0.003 079 610	0
1	20	0.000 296 52	0.000 296 513	7.0×10^{-9}
5	0.1	0.914 567 84	0.914 566 683	1.2×10^{-6}
5	0.5	0.639 252 66	0.639 251 889	7.7×10^{-7}
5	1	0.418 081 88	0.418 081 413	4.7×10^{-7}
5	5	0.044 982 58	0.044 982 454	1.3×10^{-7}
5	10	0.009 687 86	0.009 687 682	1.8×10^{-7}
5	20	0.001 341 84	0.001 341 841	1.0×10^{-9}
10	0.1	1.435 237 56	1.435 237 501	5.9×10^{-8}
10	0.5	0.968 651 11	0.968 651 072	3.8×10^{-8}
10	1	0.595 314 06	0.595 314 032	2.8×10^{-8}
10	5	0.026 437 82	0.026 437 777	4.3×10^{-8}
10	10	0.008 362 62	0.008 362 452	1.7×10^{-7}
10	20	0.002 042 55	0.004 084 685	2.0×10^{-3}
20	0.1	−0.936 009 59	−0.936 009 691	1.0×10^{-7}
20	0.5	−0.625 778 28	−0.625 778 348	6.8×10^{-8}
20	1	−0.377 590 89	−0.377 590 932	4.2×10^{-8}
20	5	−0.002 307 62	−0.002 307 623	3.0×10^{-9}
20	10	0.003 741 19	0.003 741 359	1.7×10^{-7}
20	20	0.001 910 57	0.001 910 612	4.2×10^{-8}

附录 B3　计算点的 Green 函数实部 Y 偏导数

表 B3　周庆标计算点 F_Y 计算结果

X	Y	F_Y(Zhou)	F_Y(mine)	ESP. F_Y
0.1	0.1	-16.650 213 44	-16.650 213 370	7.5×10^{-8}
0.1	0.5	-3.343 064 31	-3.343 064 276	3.4×10^{-8}
0.1	1	-0.589 239 48	-0.589 239 461	1.9×10^{-8}
0.1	5	0.141 458 77	0.141 458 672	9.8×10^{-8}
0.1	10	0.026 288 30	0.026 288 306	6.0×10^{-9}
0.1	20	0.005 595 36	0.005 595 351	9.0×10^{-9}
0.5	0.1	-3.927 877 05	-3.927 877 013	3.7×10^{-8}
0.5	0.5	-1.719 340 28	-1.719 340 259	2.1×10^{-8}
0.5	1	-0.248 009 34	-0.248 009 317	2.3×10^{-8}
0.5	5	0.139 682 17	0.139 682 080	9.0×10^{-8}
0.5	10	0.026 151 26	0.026 151 261	1.0×10^{-9}
0.5	20	0.005 589 63	0.005 589 621	9.0×10^{-9}
1	0.1	0.067 289 76	0.067 287 880	1.9×10^{-6}
1	0.5	0.216 638 56	0.216 637 158	1.4×10^{-6}
1	1	0.425 808 73	0.425 807 661	1.1×10^{-6}
1	5	0.134 087 06	0.134 086 981	7.9×10^{-8}
1	10	0.025 730 02	0.025 730 025	5.0×10^{-9}
1	20	0.005 571 78	0.005 571 779	1.0×10^{-9}
5	0.1	-1.765 362 16	-1.765 362 275	1.1×10^{-7}
5	0.5	-1.181 718 52	-1.181 718 598	7.8×10^{-8}
5	1	-0.712 080 32	-0.712 080 370	5.0×10^{-8}
5	5	0.015 765 70	0.015 764 414	1.3×10^{-6}
5	10	0.016 560 99	0.016 559 654	1.3×10^{-6}
5	20	0.005 048 29	0.005 048 292	2.0×10^{-9}
10	0.1	0.314 839 20	0.314 839 201	1.0×10^{-9}
10	0.5	0.211 249 18	0.211 249 180	0

表 B3(续)

X	Y	F_Y(zhou)	F_Y(mine)	ESP. F_Y
10	1	0.128 729 73	0.128 729 728	2.0×10^{-9}
10	5	0.008 582 97	0.008 584 301	1.3×10^{-6}
10	10	0.007 342 10	0.007 342 071	2.9×10^{-8}
10	20	0.003 850 74	0.003 851 118	3.8×10^{-7}
20	0.1	0.355 907 96	0.355 907 949	1.1×10^{-8}
20	0.5	0.238 598 05	0.238 598 042	8.0×10^{-9}
20	1	0.144 792 66	0.144 792 658	2.0×10^{-9}
20	5	0.003 586 65	0.003 586 649	1.0×10^{-9}
20	10	0.001 712 53	0.001 714 291	1.8×10^{-6}
20	20	0.001 807 39	0.001 807 570	1.8×10^{-7}

附录 B4　计算点的 Green 函数实部二阶偏导数

表 B4　周庆标计算点二阶偏导数值

X	Y	F_{XX}(mine)	F_{YY}(mine)	F_{XY}(mine)
0.1	0.1	0.003 096 04	-0.006 226 03	-0.000 568 73
0.1	0.5	0.000 296 83	-0.000 594 31	-0.000 023 85
0.1	1	3.147 127 27	0.129 749 19	5.247 247 09
0.1	5	1.130 607 94	0.498 904 60	3.060 595 54
0.1	10	0.309 872 38	0.281 299 12	1.298 277 49
0.1	20	0.028 586 93	-0.058 657 70	-0.014 984 91
0.5	0.1	0.002 946 71	-0.006 026 32	-0.001 109 24
0.5	0.5	0.000 293 96	-0.000 590 47	-0.000 047 45
0.5	1	-1.949 874 65	1.766 961 32	-0.834 614 66
0.5	5	-1.317 450 46	1.189 600 08	-0.560 437 06
0.5	10	-0.810 782 51	0.727 166 23	-0.342 652 13
0.5	20	-0.021 516 19	0.012 519 86	-0.016 698 18

表 B4(续)

X	Y	F_{XX}(mine)	F_{YY}(mine)	F_{XY}(mine)
1	0.1	0.000 310 64	-0.002 248 82	-0.002 532 27
1	0.5	0.000 214 55	-0.000 482 92	-0.000 200 50
1	1	0.171 115 48	-0.314 639 23	-1.415 240 50
1	5	0.113 387 81	-0.210 252 92	-0.948 725 84
1	10	0.067 227 95	-0.126 759 36	-0.575 610 33
1	20	-0.001 216 31	-0.001 428 88	-0.012 126 94
5	0.1	-0.000 565 37	-0.000 271 00	-0.001 291 38
5	0.5	-0.000 387 66	-0.000 273 12	-0.002 306 40
5	1	0.402 683 44	-0.355 882 95	0.941 009 50
5	5	0.269 762 08	-0.238 473 16	0.630 773 66
5	10	0.163 423 14	-0.144 543 59	0.382 572 24
5	20	0.002 560 69	-0.00 244 531	0.006 873 00
10	0.1	-0.000 262 76	0.000 074 56	-0.000 163 65
10	0.5	-0.000 171 47	-0.000 039 61	-0.000 149 66
10	1	0.003 096 04	-0.006 226 03	-0.000 568 73
10	5	0.000 296 83	-0.000 594 31	-0.000 023 85
10	10	3.147 127 27	0.129 749 19	5.247 247 09
10	20	1.130 607 94	0.498 904 60	3.060 595 54
20	0.1	0.309 872 38	0.281 299 12	1.298 277 49
20	0.5	0.028 586 93	-0.058 657 70	-0.014 984 91
20	1	0.002 946 71	-0.006 026 32	-0.001 109 24
20	5	0.000 293 96	-0.000 590 47	-0.000 047 45
20	10	-1.949 874 65	1.766 961 32	-0.834 614 66
20	20	-1.317 450 46	1.189 600 08	-0.560 437 06

参 考 文 献

[1] 徐刚.不规则波中浮体二阶水动力时域数值模拟[D].哈尔滨:哈尔滨工程大学,2010.

[2] 孟昭寅.船模拖曳阻力试验不确定度分析[J].船舶力学,1998,2(4):7-12.

[3] KIM S E, CHOI S H, VEIKONHEIMO T. Model tests on propulsion systems for ultra large container vessel[C]//The Twelfth International Offshore and Polar Engineering Conference. OnePetro, 2002.

[4] 刘卫斌,吴华伟.船模阻力试验不确定度评定改进技术研究[J].中国造船,2005,45(B12):22-29.

[5] 周广利,黄德波,李凤来.船模拖曳阻力试验的不确定度分析[J].哈尔滨工程大学学报,2006,27(3):377-381.

[6] MIN K S, KANG S H. Study on the form factor and full-scale ship resistance prediction method[J]. Journal of marine science and technology, 2010, 15(2): 108-118.

[7] 李广年,谢永和,郭欣.拖曳水池方案设计[J].中国造船,2011,52(3):109-114.

[8] SOUTO-LGLESIAS A, FERNÁNDEZ-GUTIÉRREZ D, PÉREZ-ROJAS L. Experimental assessment of interference resistance for a Series 60 catamaran in free and fixed trim-sinkage conditions[J]. Ocean Engineering, 2012, 53:38-47.

[9] STOKES G G. On the theory of oscillatory waves[J]. Trans. Camb. Phil. Soc., 1847, 8: 411-455.

[10] HAVELOCK T H. The pressure of water waves upon a fixed obstacle[J]. Proceedings of the Royal Society of London. Series A. Mathematical and Physical Sciences, 1940, 175(963): 409-421.

[11] MACCAMY R C, FUCHS R A. Wave forces on piles: a diffraction theory[M]. US Beach Erosion Board, 1954.

[12] GARRETT C J R. Wave forces on a circular dock[J]. Journal of Fluid

Mechanics, 1971, 46(1): 129-139.

[13] YEUNG R W. Added mass and damping of a vertical cylinder in finite-depth waters[J]. Applied Ocean Research, 1981, 3(3): 119-133.

[14] KAGEMOTO H, YUE D K P. Interactions among multiple three-dimensional bodies in water waves: an exact algebraic method[J]. Journal of Fluid mechanics, 1986, 166: 189-209.

[15] WANG S. Motions of a spherical submarine in waves[J]. Ocean engineering, 1986, 13(3): 249-271.

[16] WU G X, TAYLOR R E. The exciting force on a submerged spheroid in regular waves[J]. Journal of Fluid Mechanics, 1987, 182: 411-426.

[17] WU G X, TAYLOR R E. On the radiation and diffraction of surface waves by submerged spheroids[J]. Journal of ship research, 1989, 33(2): 84-92.

[18] KORVIN-KROUKOVSKY B V. Investigation of ship motions in regular waves[C]//Stevens Institute of Technology, Experimental Towing Tank, Hoboken, New Yersey, USA, Annual Meeting of the Society of Naval Architects and Marine Engineers, SNAME Transactions, Paper No. 7, Paper: T1955-1 Transactions. 1955.

[19] JACOBS W R. The analytical calculation of ship bending moments in regular waves[J]. Journal of Ship Research, 1958, 2(2): 20-29.

[20] KORVIN-KROUKOVSKY B V, JACOBS W R. Pitching and heaving motions of a ship in regular waves[R]. Stevens Inst of Tech Hoboken NJ Experimental Towing TANK, 1957.

[21] GERRITSMA J, BEUKELMAN W. Analysis of the modified strip theory for the calculation of ship motions and wave bending moments[J]. International Shipbuilding Progress, 1967, 14(156): 319-337.

[22] SMITH W E. Computation of pitch and heave motions for arbitrary ship forms[J]. International Shipbuilding Progress, 1967, 14(155): 267-291.

[23] SALVESEN N, SMITH W E. Comparison of ship motion theory and experiment for mariner hull and destroyer with modified bow[J]. NSRDC Report, 1970, 33-37.

[24] OGILVIE T F, TUCK E O. A rational strip theory of ship motions: part I [R]. University of Michigan, 1969.

[25] GREM O, SCHENZLE P. Berechnung der Torsionsbelastung eines Schiffes im Seegang[M]. [出版地不详]:[出版者不详],1969.

[26] SÖDING H. Eine modifikation der streifenmethode [J]. Schiffstechnik, 1969, 16:15-18.

[27] TASAI F. On the swaying yawing and rolling motions of ships in oblique waves[J]. Selected papers from the journal of the Society of Naval Architects of Japan, 1969, 3: 92-108.

[28] SALVESEN N, TUCK E O, FALTINSEN O. Ship motions and sea loads [J]. Trans SNAME,1970,78:250-287.

[29] TASAI F, TAKAKI M. Theory and calculation of ship responses in regular waves[J]. J. Soc. Nav. Arch. Japan, 1969.

[30] FALTINSEN O, ZHAO R. Numerical predictions of ship motions at high forward speed [J]. Philosophical Transactions of the Royal Society of London. Series A: Physical and Engineering Sciences, 1991, 334(1634): 241-252.

[31] CHAPMAN R B. Numerical solution for hydrodynamic forces on a surface-piercing plate oscillating in yaw and sway [C]//Proc. 1st Int. Symp. Numer. Hydrodyn. 1975: 333-350.

[32] DUAN W Y, HUDSON, PRICE. Theoretical prediction of the motions of fast displacement vessels in long-crested head-seas[C]//3rd International Conference for High Performance Marine Vehicles. 2000:271-278.

[33] 马山. 高速船舶运动与波浪载荷计算的二维半理论研究[D]. 哈尔滨:哈尔滨工程大学, 2005.

[34] KASHIWAGI M. Prediction of surge and its effect on added resistance by means of the enhanced unified theory[C]//Transactions of the West-Japan Society of Naval Architects 89. The Japan Society of Naval Architects And Ocean Engineers, 1995: 77-89.

[35] WEHAUSEN J V, LAITONE E V. Surface waves[M]//Fluid Dynamics/Strömungsmechanik. Berlin, Heidelberg: Springer, 1960: 446-778.

[36] HESS J L, SMITH A M O. Calculation of potential flow about arbitrary bodies[J]. Progress in Aerospace Sciences, 1967(8): 1-138.

[37] SAAD Y. A generalized minimal residual algorithm for solving nonsymmetric linear systems[J]. SIAM J. Sci. Stat. Comput, 1985(7): 417-424.

参 考 文 献

[38] SCORPIO S M, BECK R F. A multipole accelerated desingularized method for computing nonlinear wave forces on bodies[J]. 1998,120(2):71-76.

[39] KORSMEYER F T, LEE C H, NEWMAN J N, et al. The analysis of wave effects on tension-leg platforms [C]//7th International Conference on Offshore Mechanics and Arctic Engineering, Houston, Texas. 1988(1):14.

[40] CHANG M S. Computations of three-dimensional ship motions with forward speed[C]//Proceedings of the 2nd International conference on numerical ship hydrodynamics,1977:124-135.

[41] INGLIS R B, WPRICE W G. Comparison of calculated responses for arbitrary shaped bodies using two and three-dimensional theories [J]. Int Shipbuilding Progress,1980,27:86-95.

[42] GUEVEL P, BOUGIS J. Ship-motions with forward speed in infinite depth [J]. International shipbuilding progress, 1982, 29(332):103-117.

[43] WU G X, EATOCK-TAYLOR R. A Green's function form for ship motions at forward speed [J]. International shipbuilding progress, 1987, 34 (398): 189-196.

[44] ISRAELI M, ORSZAG S A. Approximation of radiation boundary conditions [J]. Journal of computational physics, 1981, 41(1):115-135.

[45] NAKOS D, SCLAVOUNOS P. Ship motions by a three-dimensional Rankine panel method [C]// Proceedings of 18th Symposium on Naval Hydrodynamics. Washington DC:National Academy Press, 1991:21-39.

[46] 贺五洲,戴遗山. 简单 Green 函数法求解三维水动力系数[J]. 中国造船,1986(2):3-17.

[47] 贺五洲,戴遗山. 求解零航速物体水动力的简单 Green 函数方法[J]. 水动力学研究与进展(A 辑),1992,7(4):449-456.

[48] BERTRAM V. Numerical investigation of steady flow effects in three-dimensional seakeeping computations [C]//Proceedings of the 22nd symposium on naval hydrodynamics. Office of Naval Research, Department of the Navy, Washington, DC.,1999.

[49] 廖振鹏. 工程波动理论导论[M]. 北京:科学出版社,2002.

[50] 孙善春. 二维自由面条件的数值模拟及其应用[D]. 哈尔滨:哈尔滨工程大学,2002.

[51] NEWMAN J N. Algorithms for the free-surface Green function[J]. Journal of engineering mathematics, 1985, 19(1): 57-67.

[52] NEWMAN J N. The evaluation of free-surface Green functions[C]//International Conference on Numerical Ship Hydrodynamics, 4th, 1985.

[53] NEWMAN J N. Evaluation of the wave-resistance green function. I: The double integral[J]. Journal of ship research, 1987, 31(2): 79-90.

[54] NEWMAN J N, CLARISSE J M. Evaluation of the wave-resistance Green function near the singular axis[C]//Third International Workshop on Water Waves and Floating Bodies, Woods Hole, 1988.

[55] 王如森. 三维自由面 Green 函数及其导数（频域-无限水深）的数值逼近[J]. 水动力学研究与进展（A 辑）, 1992, 7(3): 277-286.

[56] 周庆标, 张纲. 零航速三维无限水深频域自由面 Green 函数及其导数的快速算法[J]. 管理与技术, 1998 (3): 14-22.

[57] 姚熊亮, 孙士丽, 张阿漫. 三维频域格林函数的高效率计算方法[J]. 计算物理, 2009, 26(4): 564-568.

[58] NOBLESSE F. Alternative integral representations for the Green function of the theory of ship wave resistance[J]. Journal of Engineering Mathematics, 1981, 15(4): 241-265.

[59] TELSTE J G, NOBLESSE F. Numerical evaluation of the Green function of water-wave radiation and diffraction[J]. Journal of Ship Research, 1986, 30(2): 69-84.

[60] PONIZY B, NOBLESSE F, BA M, et al. Numerical evaluation of free-surface Green functions[J]. Journal of ship research, 1994, 38(3): 193-202.

[61] PONIZY B, GUILBAUD M, BA M. Numerical computations and integrations of the wave resistance Green's function[J]. Theoretical and computational fluid dynamics, 1998, 12(3): 179-194.

[62] CHEN X B. An introductory treatise on ship-motion Green functions[C]//Proc. 7th Intl Conf. on Num. Ship Hydro. Nantes (France), 1999: 1-21.

[63] HESS J L. Panel methods in computational fluid dynamics[J]. Annual Review of Fluid Mechanics, 1990, 22(1): 255-274.

[64] SMITH A M O. The panel method-Its original development[M]//HENNE, Applied computational aerodynamics. Washington: the American Institute of

Aeronautics and Astronautics, Inc. ,1990:3-17. https://doi.org/10.2514/4.865985.

[65] ATKINSON K E. A survey of boundary integral equation methods for the numerical solution of Laplace's equation in three dimensions [M]// Numerical solution of integral equations. Boston, MA: Springer, 1990.

[66] 滕斌,勾莹,宁德志. A higher order BEM for wave-current action on structures:direct computation of free-term coefficient and CPV integrals[J]. 中国海洋工程(英文版),2006,20(3):395-410.

[67] 陈纪康,段文洋,朱鑫. 三维泰勒展开边界元方法及其数值验证[J]. 水动力学研究与进展(A辑),2013(4):482-485.

[68] WEN W Y. Taylor expansion boundary element method for floating body hydrodynamics[C]//Proceedings of the 27th international workshop on water waves and floating bodies. Copenhagen, Denmark,2012.

[69] DUAN W J, CHEN J R, ZHAO B B. Second-order taylor expansion boundary element method for the second-order wave diffraction problem[J]. Engineering analysis with boundary elements, 2015, 58: 140-150.

[70] BRONSHTEIN I N, SEMENDYAYEV K A. Handbook of mathematics[M]. Springer Science & Business Media, 2013.

[71] 戴遗山,段文洋. 船舶在波浪中运动的势流理论[M]. 北京:国防工业出版社,2008.